W0309819

Crista Niehus

Passt dieser Hund zu mir?

200 Rassen im Portrait

Für Linus

Crista Niehus

Passt dieser Hund zu mir?

200 Rassen im Portrait

Müller Rüschlikon

Einbandgestaltung: Luis Santos

Titelbild: Beate Schwarz

Bildnachweis:
Yvonne Jaussi: S. 10, 11, 12, 14, 15, 16, 73, 183, 201
Ursula Känel: S. 41, 50, 105, 125, 152, 213, 214, 229
Crista Niehus: S. 133
Irene Rohrer: S. 131
Michel Roth: S. 139
Anita Schneider: S. 78
Rosemarie Wild: S. 173

Allle übrigen Fotos stammen von Beate Schwarz.

Alle Angaben in diesem Buch wurden nach bestem Wissen und Gewissen gemacht. Sie entbinden den Hundehalter nicht von der Eigenverantwortung für sein Tier. Für einen eventuellen Missbrauch der Informationen in diesem Buch können weder die Autorinnen noch der Verlag oder die Vertreiber des Buches zur Verantwortung gezogen werden. Eine Haftung für Personen-, Sach- und Vermögensschäden ist ausgeschlossen.

ISBN 978-3-275-01622-8

Copyright © 2007 by Müller Rüschlikon Verlag
Postfach 103743, 70032 Stuttgart
Ein Unternehmen der Paul Pietsch Verlage Gmbh+Co
Lizenznehmer der Bucheli Verlags AG, Baarerstr. 43, CH-6304 Zug

1. Auflage 2007

Sie finden uns im Internet unter www.mueller-rueschlikon-verlag.de

Der Nachdruck, auch einzelner Teile ist verboten. Das Urheberrecht und sämtliche weiteren Rechte sind dem Verlag vorbehalten. Übersetzung, Speicherung, Vervielfältigung und Verbreitung, einschließlich Übernahme auf elektronische Datenträger wie CD-ROM, Bildplatte usw. sowie Einspeicherung in elektronische Medien wie Bildschirmtext, Internet usw. sind ohne vorherige schriftliche Genehmigung des Verlages unzulässig und strafbar.

Lektorat: Rosemarie Wild
Innengestaltung: Medienfabrik GmbH, 71696 Möglingen
Druck und Bindung: KoKo Produktionsservice, 70900 Ostrava
Printed in Czech Republic

Inhaltsverzeichnis

FCI Gruppe 5 Spitze, nordische Rassen und Urtypen 114

FCI Gruppe 6 Lauf- und Schweißhunde 134

FCI Gruppe 7 Vorstehhunde 154

FCI Gruppe 8 Apportier- , Stöber- und Wasserhunde 170

FCI Gruppe 9 Gesellschafts- und Begleithunde 196

FCI Gruppe 10 Windhunde 218

Danksagung 233

Vorwort

Liebe Hundefreunde

Mit der Frage: »Passt dieser Hund zu mir?« müsste auch die Frage gestellt werden: »Zu welchem Hund passe ich?« Nun, dieses vorliegende Rassehundebuch ist das erste, das nach einem völlig neuen Konzept ausgerichtet wurde, indem es Ihnen von jeder vorgestellten Rasse kurz und prägnant ihren Charakter und das Wesen schildert und auf einen kurzen Abriss der Rassegeschichte respektive deren Entstehung eingeht. Zusätzlich finden Sie zu jeder Rasse einen Steckbrief, der auch die Anforderungen an den zukünftigen Hundebesitzer aufzeigt.

Als langjährige Züchterin, Wesens- und Schönheitsrichterin, Buchautorin und Lektorin für Hundebücher freut es mich sehr, dass ich das Vorwort für diesen wunderschön bebilderten Band schreiben darf und danke hiermit der Autorin Crista Niehus für das Vertrauen und die gute Zusammenarbeit bei der Realisierung dieses neuen Buches. Beate Schwarz hat mit viel Engagement in unzähligen Fotoshootings die meisten Rassen in ihrem natürlichen Umfeld dargestellt, um Ihnen die Wahl zu erleichtern.

Viele von Ihnen werden wohl zum ersten Mal ein Leben mit Hund ins Auge fassen. Mit den nachfolgenden Abschnitten möchte ich Ihnen diese wunderbaren Wesen näher darstellen. Aus meiner Erfahrung mit unzähligen Hundebesitzern habe ich festgestellt, dass viele Hundekäufer den Hund verkennen und relativ wenig über ihn wissen, was dann sehr oft zu Problemsituationen führen kann, die durch fundierte Information hätten vermieden werden können. Zum Schluss dieses Vorwortes habe ich einen Fragenkatalog beigefügt, mit dem Sie sich prüfen können, ob Sie dem Hund, den Sie ins Auge gefasst haben, als zukünftiger menschlicher Partner genügen können, und wie Sie beim Hundekauf vorgehen sollten.

Kleine Hundekunde

Der Hund in all seinen Facetten wird in Fachkreisen als das älteste Haustier angesehen und stammt allein vom Wolf ab. Es ist das einzige Tier auf der Welt, das sich in dieser Form domestizieren ließ. Sein Domestikationsgeschehen zieht sich über mindestens 15 000 Jahre hin. Die verschiedenen Entwicklungsstufen über diese lange Zeitspanne vom Wolf, der sich irgendwann einmal dem Menschen anschloss und dem Menschen, der die Anlagen dieses Beutegreifers zu seinen Zwecken zu nutzen verstand, weisen immerhin ein beachtliches Resultat von über 400 verschiedenen Rassen auf. In der Evolutionsgeschichte finden wir kein anderes Tier, das in so vielen Formen und Erscheinungsbildern den Menschen begleitete und ihm, dank seiner verschiedenen Anlagen, in allen nur erdenklichen Lebenslagen diente und noch dient. Es erstaunt immer wieder, wenn man sich vorzustellen versucht, dass die größte Rasse, der Irish Wolfhound, und die kleinste, der Chihuahua, den gleichen Stammvater haben.

Der Hund eignet sich nach wie vor wie kein anderes Lebewesen zum Begleiter des Menschen. Nur hat sich die Hundehaltung in den letzten Jahren zu Ungunsten des Hundes entwickelt. Durch die rasante Entwicklung unserer Umwelt schwand (und schwindet immer noch) der natürliche Lebensraum des Hundes mehr und mehr, und es bedarf vermehrt einen verständnisvollen Besitzer, der ihm dennoch ein seiner Art entsprechendes Umfeld schaffen kann. Dazu muss der Mensch einiges über die elementarsten Bedürfnisse des Hundes und über sein Verhalten wissen.

Der Hund ist kein Kind, das nicht sprechen kann, sondern ein von der Natur völlig anders ausgestattetes Wesen als der Mensch. Er ist, wie sein Urahn der Wolf, ein Meutetier, das Gesellschaft liebt und, sich selbst überlassen, mit der Zeit verkümmert. Sein angeborenes Sozialverhalten ermöglicht es dem Hund, in seiner Besitzerfamilie eine Ersatzmeute zu finden, in der er seine Rangstufe innerhalb des »Rudels« suchen wird. Damit ist dem Besitzer die Möglichkeit gegeben, ihn in den Familienbereich zu integrieren, vorausgesetzt, dass er ihn artgerecht hält und erzieht.

Der Hund gehört in die Kategorie der höher entwickelten Säugetiere. Er besitzt ein vorzügliches Lernvermögen und ein exzellentes Gedächtnis, das nichts vergisst. Dies befähigt ihn, aus angenehmen und unangenehmen Erlebnissen Erfahrungen zu sammeln und sich dann auch entsprechend zu verhalten. Das bedeutet, dass er neben seinen genetischen Anlagen die Umwelterfahrungen im Hirnvorderlappen speichert und jederzeit (wenn der notwendige Impuls von außen erfolgt) abrufen kann. Man nennt dieses Geschehen in der Fachsprache Verschaltungsmuster.
Der Hund vermag jedoch nicht in menschlichen Begriffen zu denken und hat von menschlicher Moral keine Ahnung. Er befindet sich, wie Urs Ochsenbein so trefflich sagte, jenseits von »Gut und Böse«.
Das Hirn des Hundes ist bedeutend einfacher ausgestattet als das des Menschen. Aber er verfügt über genügend Fähigkeiten, um mit dem Menschen in Kontakt zu treten. Um nun ein gutes Team Mensch/Hund zu bilden, müssen beide Partner lernen. Für den Menschen geht es darum zu erkennen, wie er sich verhalten muss, damit der Hund eine Chance hat zu merken, was er von

ihm will. Der Hund seinerseits muss sich an die Äußerungen des Menschen (Hör- und Sichtzeichen) gewöhnen und lernen, diese mit den ihnen zugeordneten Handlungen in Verbindung zu bringen.

Wie erfährt der Hund seine Umwelt?

Zur Wahrnehmung seiner Umgebung benutzt der Hund seine Sinnesorgane: Nase, Gehör, Augen, Tast- und Geschmackssinn – diese sind für ihn die Pforten zur Umwelt.

Nase: In erster Linie verlässt sich der Hund auf seine Nase, denn die Geruchsbilder bilden den wichtigsten Teil seiner Umwelt. Sein Riechfeld ist viel größer als das des Menschen: Hund 120–170 cm^2, Mensch 5–7 cm^2.

Gehör: Das Gehör des Hundes ist dem menschlichen bei weitem überlegen. Es nimmt Töne und Geräusche in Frequenzbereichen wahr, die der Mensch nicht mehr hört.

Augen: Der Hund ist ein Bewegungsseher, der auf erhebliche Distanz (ca. 500–700 m) etwas erblicken und aufgrund der Bewegungsweise erkennen kann. Ein stillstehendes Objekt kann er wohl über große Distanzen sehen, hat aber nicht wie der Mensch die Fähigkeit, dieses zu erkennen.

Tastsinn: Sein Tastsinn ist hoch entwickelt und über die ganze Körperoberfläche verteilt. Besonders empfindlich sind der Nasenspiegel, die Lefzen, die Pfoten, die Augenbrauen, die Schnauz- und Barthaare.

Raumempfinden: Er hat ein blitzschnelles Reaktionsvermögen und bewegt sich in einer Welt voller Hindernisse sicher.

Geschmacksinn: Aasverwerten hat der Hund von seinen Ahnen übernommen. Sein »guter Geschmack« ist für ihn lebenswichtig. Die Grenzen des »Erträglichen« sind anders als beim Menschen.

Bevor Sie sich nun in das Unterfangen »Hundekauf« stürzen, gilt es, die Anforderungen an Sie, den zukünftigen Hundebesitzer zu überprüfen:

Der Zeitfaktor

- Bin ich bereit, während der nächsten 10–15 Jahre tagtäglich, immer – bei jedem Wetter – viel persönliche Freiheit für ein Tier zu opfern?
- Erlauben mir meine Hobbys, meinem Hund genügend Zeit zu widmen?
- Wie gestalte ich in Zukunft meine Ferien?
  Nicht alle Strände sind während der Hauptsaison für Hunde offen, Skipisten sind tabu, spezielle Hundeloipen gibt es wenige.
- Bin ich grundsätzlich bereit, andere Ferien als bis anhin gewohnt zu planen, wo der Hund integriert ist, oder habe ich eine Person, die ihn während meiner Ferienabwesenheit betreut?
- Bin ich mir dann auch bewusst, welche Verantwortung ich einer Drittperson aufbürde, wenn ich ihr meinen Hund anvertraue?

Die Familienintegration

Wie stellen sich die übrigen Familienmitglieder zu einem Hund?

Hier sollten schon alle positiv eingestellt sein, denn der Hund hat ein Anrecht auf Zuwendung und Geborgenheit. Als Meutetier spürt er als erster Spannungen – damit sind Schwierigkeiten programmiert. Es sollte auch abgeklärt werden, ob allenfalls jemand in der Familie allergisch gegen Hundehaare reagiert.

Die Wohnsituation

Ist meine Wohnsituation überhaupt für Hundehaltung geeignet?

Ist der Versäuberungsplatz in vernünftiger Distanz erreichbar? Auch Hunde müssen manchmal ganz schnell ... Da ist eine »verbetonierte« Welt sicher nicht die richtige Umgebung. Als Mieter muss abgeklärt werden, ob Haustiere gestattet sind.

Die Nachbarn

Nicht alle Menschen sind Hundefans. Es empfiehlt sich, hier gut zu sondieren und vor dem Kauf einen Konsens zu finden, der auf die Dauer alle befriedigt.

Mutter und Hausfrau

Bin ich als Mutter eines Säuglings und/oder von noch nicht schulpflichtigen Kindern überhaupt in der Lage, neben meiner Aufgabe, diese in die Selbständigkeit zu führen, auch noch einem Hund die nötige Aufmerksamkeit und Liebe entgegen zu bringen? Ein Hund eignet sich nicht als Spielzeug für Einzelkinder und schon gar nicht als Elternersatz für Kinder, die zu viel allein sein müssen.

Beruf und Hund

Als ganz- oder halbtags berufstätige Person muss ich wissen, dass ein tagtäglich stundenlang allein gelassener Hund seelisch jämmerlich verkümmern wird. Dazu wird er anfangen, sich selbst zu beschäftigen und sich mit dem Naheliegendsten befassen: der Wohnungseinrichtung. Da werden zum Beispiel Teppiche und Möbel angeknabbert. In einer solchen Situation ist es besser, auf einen Hund zu verzichten – es sei denn, man könne ihn mit an den Arbeitsplatz nehmen oder eine Person zur Hand haben, die ihn in regelmäßigen Abständen während ihrer Abwesenheit betreut. Man darf nie vergessen, dass der Hund ein Meutetier ist, das Geselligkeit liebt und auch braucht.

Finanzieller Aufwand

Die Kostenfrage ist ein nicht unwesentlicher Faktor. Für Futter, Hundesteuer, Haftpflichtversicherung und Tierarzt (Impfen, Entwurmen) ist pro Jahr mit ca. 1500,- € zu rechnen.

Hundekauf

Jeder Welpe ist ein reizender Wollknäuel, dem man nur schwer widerstehen kann. Wenn er Sie dann noch mit seinem »Nimm-mich-mit-Blick« anhimmelt, ist es möglicherweise schon um Sie geschehen, denn damit spricht er Gefühle an und löst möglicherweise einen Entscheid aus, der oft bitter bereut wird.
Nehmen Sie sich viel Zeit und besuchen Sie verschiedene Zuchtstätten. Dieser Schritt ist enorm wichtig, denn erst im Kontakt mit dem Züchter und im Kontakt mit seinen Tieren gewinnen Sie den ersten hautnahen Kontakt mit Ihrer Wunschrasse.
Der gute Züchter ist dem Spezialclub und dieser wiederum dem Landesverband angeschlossen. Sein Zwingername ist durch die FCI, den Weltverband geschützt, und seine Welpen werden in das Stammbuch eingetragen und erhalten eine Ahnentafel. Dies allein macht aber nicht den guten Züchter aus. Sein Ziel ist, die guten Eigenschaften seiner Rasse zu erhalten und er wird Sie, als zukünftigen Besitzer eines seiner Welpen, entsprechend informieren. Ein guter Züchter wird sich für Sie Zeit nehmen, um alle Ihre Fragen zu beantworten. Er wird Ihnen bereitwillig die notwendigen Zuchtpapiere wie Ahnentafeln, Zuchtzulassungsbescheinigungen, Gesundheitsatteste über Hüftgelenke, der Vordergliedmaßen und die Zeugnisse über Augenkontrollen seines Zuchttieres zeigen. Er wird Sie auf die rassespezifisch wichtigen Punkte, auch die negativen, die bei der Zucht eine Rolle spielen, aufmerksam machen. Sicher wird er Ihnen auch zeigen, wo und wie seine Welpen artgerecht aufgezogen und gefördert werden. Wenn das nicht der Fall ist, sollten Sie dort von einem Hundekauf absehen.
Für den guten Züchter seinerseits ist es wichtig, dass auch Sie ihm über Ihre Lebenssituation Auskunft geben und ihn informieren, zu welchem Zweck Sie einen Hund kaufen wollen. Solche Abklärungen erleichtern es dem Züchter, Ihnen bei der Auswahl Ihres Traumhundes zu helfen. Vor der endgültigen Entscheidung müssen Sie bedenken, dass Sie die nächsten zehn und mehr Jahre mit diesem Züchter Kontakt haben werden. Nur wenn gegenseitiges Vertrauen da ist, soll der Kauf eines Welpen ernsthaft erwogen werden.

Nun hoffe ich, dass Sie den Hund finden, der zu Ihnen passt und Sie der Hundebesitzer sein werden, der ihm gerecht werden kann, so dass Sie und Ihr vierbeiniger Partner zusammen viele interessante und abwechslungsreiche Hundejahre erleben dürfen.

Rosemarie Wild

Einleitung

Es gibt unzählige Bücher über Hunderassen. Warum ein Weiteres? Ganz einfach: Dieses Rassebuch will Antwort geben auf die Frage: »Passt dieser Hund zu mir und meinem Lebensstil?« Über 200 der bekanntesten und beliebtesten Rassen sind in Wort und Bild dargestellt. Das Buch soll als Entscheidungshilfe bei der Wahl einer Rasse dienen. Denn: Ein künftiger Hundehalter muss sich im Klaren darüber sein, was für einen Hund er auswählt – und ob sich dieser auch wirklich im eigenen Umfeld einfügen wird.

Die typologische Einteilung

In diesem Buch sind die Rassen nach FCI-Gruppen eingeteilt. Das hat seinen Grund: Seit Mitte des 19. Jahrhunderts wird auf der ganzen Welt planmäßig gezüchtet. Seit damals werden die unterschiedlichen Hundetypen in Gruppen eingeordnet, um die ursprüngliche Zweckgebundenheit festzuhalten: So sind beispielsweise Hüte- und Treibhunde in einer Gruppe, Terrier, Gesellschaftshunde, Windhunde und so weiter in einer anderen. Versteht man die Gruppe, in die eine Rasse eingeteilt ist, so versteht man auch eher, was der einzelne Hund für Bedürfnisse hat.

Hundezucht ist nicht einfach eine Vermehrung von Hunden; Hundezucht ist vielmehr eine kulturelle Leistung, die je nach Land, Sitte, Kultur und Lebensweise der Menschen ausgeführt wird. Dabei spielen die geologische Beschaffenheit des Bodens, die Flora und Fauna eine große Rolle. Übrigens: Früher gab es den Begriff »Rasse« noch nicht; Hunde waren in erster Linie Helfer der Menschen und wurden praktisch auf jedem Gebiet nur nach Leistung gezüchtet und nicht nach Kriterien der Schönheit.

Der Hund in der heutigen Zeit

Dieses neue Buch will aber nicht nur auf die Bedürfnisse der Hunde eingehen, sondern auch auf die der künftigen Halter. Den demographischen Entwicklungen in Europa soll Rechnung getragen werden: Familienstrukturen haben sich verändert; viele Menschen suchen einen Hund als Kamerad, für den Hundesport und die Freizeit. Ein großer Teil der Hundepopulation lebt denn auch in der traditionellen Familie, aber viele Hunde – und das vor allem in städtischen Agglomerationen – leben bei Menschen in anderen Familienformen oder bei solchen, die bereits in der zweiten Lebenshälfte stehen und oftmals auch alleinstehend sind. Auch diesen Gegebenheiten will das Buch Rechnung tragen.

Was ist ein Dachverband, was ist die FCI?

Als im 19. Jahrhundert das planmäßige Züchten vorangetrieben wurde, bildeten sich Rassevereine und Organisationen. Dort wurden Zuchtfragen erörtert und die jeweilige Erscheinungsform einer Rasse festgelegt. Zuständig war der jeweilige Rasseverein. Bald wurde der Ruf nach übergeordneten Organisationen immer lauter, die Landesverbände wurden ins Leben gerufen. Dabei spielte Großbritannien eine Vorreiter-Rolle, indem dort 1873 der erste Zuchtverband gründet wurde: The Kennel Club. Viele Rassen haben denn auch ihren züchterischen Ursprung in Großbritannien, selbst wenn sie ursprünglich aus einem anderen Erdteil kamen und erst in Großbritannien weiterentwickelt wurden. Bald zogen die nordischen Länder nach, allen voran Finnland, und gründeten ihre eigenen Zuchtverbände. Nachdem sich die Kynologie auch auf dem Kontinent zu formieren begann, wurde eine internationale Dachorganisation notwendig, um einheitliche Regelungen, Festlegungen der Erscheinungsformen und wissenschaftliche Erkenntnisse für alle Länder nutzbar zu machen. So entstand 1911 die Fédération Cynologique International (FCI).

Was ist ein Standard?

An verschiedenen Orten der Welt wurden Hunde für eine ganz bestimmte Verwendung gezüchtet. Und letztlich gab dieser Zweck der Rasse auch das Erscheinungsbild: Hat ein Hund ein Anwesen zu bewachen, bedarf er eines großen und imposanten Aussehens. Für die Jagd in felsigen Gebieten muss er leichtfüßig und schnell sein. Für das Hüten der Schafe braucht er ein zottiges, dichtes Fell, das ihn gegen Wind und Wetter schützt. Das Erscheinungsbild ist demnach fest mit der Verwendung verknüpft und im »Standard« festgelegt, mit sehr genau umschriebenen Kriterien, die von der FCI im Detail vorgegeben werden und nach denen bei Zuchtschauen und Ausstellungen gewertet wird.

Was ist eine Ahnentafel?

Die Ahnentafel ist eine Urkunde, welche die Abstammung eines Hundes bis auf mehrere Generationen dokumentiert. Es ist aber noch mehr: Da grundsätzlich nur mit kontrollierten Hunden weitergezüchtet werden darf, um mögliche Erbkrankheiten und Wesensschwächen auszuschließen, gilt eine Ahnentafel auch als Garantie für eine sorgfältige Wahl der Elterntiere und für die Respektierung der Vorschriften der FCI. Auch sind Hunde mit Abstammungsurkunde in der Regel bei einem zertifizierten Züchter aufgezogen worden, was einen wesentlichen Unterschied

macht zu Hunden, die aus dem kommerziellen Hundehandel stammen oder Zufallsprodukte einer Verpaarung darstellen. Dort sind Eigenschaften, Herkunft und Aufzucht nicht definiert, weil meist nicht klar ist, welche Rassen mit welchen Merkmalen beteiligt waren. Leider gibt es insbesondere bei populären Rassen viele Hunde, die außerhalb der Verbände gezüchtet werden – das heißt, die Elterntiere sind dann weder auf ihre Gesundheit noch auf ihr Wesen geprüft worden.

Dieses neue Rassebuch möchte diejenigen Menschen ansprechen, die über kein kynologisches Wissen verfügen und die keine wissenschaftlichen Abhandlungen lesen möchten. Die Leser sollten in knappen, fundierten Informationen das Wichtigste über eine Rasse in Erfahrung bringen.

Mit diesem Buch soll aber auch dem Reizthema »Hund« in der Gesellschaft entgegengewirkt werden; es soll Auge und Herz öffnen für jene Hunde, die eine große Akzeptanz in der Gesellschaft genießen. Vor allen Dingen aber soll das Buch behilflich sein, die richtige Wahl zu treffen. In der heutigen Zeit ist ein Hund nicht nur ein Helfer des Menschen, sondern für einen großen Teil der Bevölkerung ein enger sozialer Freund und Gefährte.

Ich wünsche Ihnen viel Freude beim Lesen.

Ihre
Crista Niehus

Eigenschaften:

- Wach und Schutztrieb
- Lauf- und Bewegungsbedürfnis
- Tendenz zum Streunen
- Tendenz zum Jagen und Hetzen
- Jagdgebrauchshund
- Menschenfreundlich
- Geeignet für Mehrfachhaltung
- Familientauglich + Gesellschaftsverträglich
- Dominant gegenüber Artgenossen
- Erziehbarkeit
- Eignung für Senioren
- Besonderheiten

ausgeprägt
durchschnittlich
moderat
gering
nur vereinzelt

Zur Benutzung des Steckbriefs:

Dieser Steckbrief soll eine Hilfe sein, um gewisse Eigenschaften und Merkmale auf »einen Blick« ersichtlich zu machen. Es handelt sich dabei aber um eine Tendenz und nicht um eine fest zementierte Tatsache. Jeder einzelne Hund hat seine eigene Biographie, die ihn schon als Welpe geprägt hat, er ist ein eigenes Individuum. Die Anzahl der »Pfoten« im Steckbrief sind lediglich Wegweiser, bei welchem versucht wurde, die hervorstechenden Eigenschaften einer Rasse auf einen knappen Nenner zu bringen.
Hat eine Rasse beispielsweise fünf Pfoten beim Punkt »Tendenz zum Jagen und Hetzen«, so muss sich der Leser im Klaren sein, dass diese Rasse die Neigung hat, wegzurennen und deshalb vermehrt an die Leine gehört. Beim Prädikat »Eignung für Senioren« haben wir Kriterien in Betracht gezogen, wie Größe, Gewicht und Bewegungsbedürfnis. Auch diese Anlagen können bei einem einzelnen Hund einer gewissen Rasse zutreffen, bei einem anderen Vertreter der gleichen Rasse nicht.

Hüte-, Treib- und Hirtenhunde

In alten Zeiten weideten in ganz Zentraleuropa und Vorderasien Millionen von Schafen. Der Hirte hütete die Herde ganz nach biblischem Muster: Er ging den Tieren voraus, an seiner Seite ein zotthaariger Hund, dessen Aufgabe es war, die Schar nachts vor Raubtieren, Schafdieben und Banditen zu schützen. Nach dem 30-jährigen Krieg Mitte des 17. Jahrhunderts wurden das Leben etwas sicherer, die Zeiten der Kriegsplünderer war vorbei, die Menschen wurden sesshafter, betrieben weiterhin Schafzucht und Ackerbau. In allen Gebieten der Welt, wo Schafe gehalten wurden, existierten verschiedene Schäferhunderassen. Sie waren meistens buntgemischt in Farbe und Form; mit Hänge-, Steh- oder Kippohren und im Fell variierend von Stock- über Glatt- bis zu schnürendem Kraushaar.

Grundsätzlich gibt es zwei Typen von Hunden an der Herde: In Gebieten, in denen die Raubtiere die Gegend unsicher machten, war der Schutz der Herde wichtig. Dafür hielten sich die Hirten große Hunde, die mit imposanter Kraft und Abwehr jeden Beutegreifer in die Flucht schlugen. Wo Wolf und Bär ausgerottet waren, entwickelten sich kleinere, wendige Hunde, die die Herde in Schach und vom Ackerland fernhielten, die Schafe nach Anweisung des Hirten sortierten oder in einen Pferch trieben. Je nach Region und Land, je nach geologischer Beschaffenheit des Bodens, entwickelten sich unterschiedliche Typen und Schläge. Die genaue Trennung von Hütehunden, Hirtenhunden und Treibhunden ist fließend und nicht klar abzugrenzen. Fest steht: Viele der heutigen Arbeitshunde haben ihre Wurzeln in jener Zeit der großen Schafhaltungen.

Deutscher Schäferhund

Anlagen und Bedürfnisse

Es gibt wohl kaum einen anpassungsfähigeren Hund als den Deutschen Schäferhund. Über Jahrhunderte hatte er verschiedene Aufgaben zu erfüllen und musste jede neue Herausforderung willig annehmen. Längst ist das Schafwesen in den Hintergrund getreten, so dass der Deutsche Schäferhund auf anderen Gebieten gefordert wird. Sei dies in der Fährtenarbeit, als Lawinenhund, als Drogensuchhund, als Rettungshund, als Schutzhund oder als Sprengstoff-Suchhund. Dafür wird ein ausgeglichenes, nervenfestes, selbstsicheres und unbefangenes Wesen verlangt, und er muss aufmerksam, führig und treu sein. Von den Anlagen her muss er aber auch Kampftrieb, Mut und Härte zeigen, um für alle seine Aufgaben gewappnet zu sein. Der Standard nimmt es sehr genau und schließt ein schwaches Wesen aus der Zucht aus. Dabei ist er auch ein treuer Begleiter, ein Sportkamerad und in vielen Gebieten des Hundesportes ein unübertroffener Gefährte.

Einen Deutschen Schäferhund sollte sich niemand zulegen, der nicht gewillt ist, ein umfassendes Er-

Deutscher Schäferhund: Deutschland

Eigenschaften:

- Wach- und Schutztrieb: 🐾🐾🐾🐾🐾
- Lauf- und Bewegungsbedürfnis: 🐾🐾🐾🐾
- Tendenz zum Jagen und Hetzen: 🐾🐾🐾
- Menschenfreundlich: 🐾🐾
- Geeignet für Mehrfachhaltung: 🐾
- Familientauglich und gesellschaftsverträglich: 🐾🐾
- Dominant gegenüber Artgenossen: 🐾🐾🐾🐾
- Erziehbarkeit: 🐾🐾🐾🐾🐾
- Eignung für Senioren: nein

Arbeitsanlagen:

- Schutz- und Wachtrieb
- Helfer des Menschen
- Sportbegeistert für alle Hundesportarten

ziehungsprogramm mit ihm zu absolvieren. Diese Hunde müssen eine Aufgabe erhalten, ansonsten verkümmern ihre Lernfähigkeit, ihr brillantes Urteilsvermögen und ihr Drang nach Tätigkeit. Ein Deutscher Schäferhund in den falschen Händen wird unumgänglich, schwierig oder aggressiv. Er eignet sich nur für sportliche Leute.
Sein Haarkleid ist dicht, hart und gerade in den Farben Schwarz oder Grau, einfarbig mit verschiedenen Tönen.
Widerristhöhe: 57,5 bis 61,5 cm.

Rassegeschichte

Die Schäfer benutzten keine einheitlichen Typen, sondern Hunde, die gute Arbeit leisteten, das Vieh zusammentrieben und die Herde vor Bär und Wolf schützten. Erst gegen Ende des 19. Jahrhunderts bildete sich eine einheitlichere Erscheinungsform. Große Verdienste als Förderer der Rasse hatte Rittmeister Max von Stephanitz, der mit der Entstehungsgeschichte des Deutschen Schäferhundes eng verbunden ist. Überdurchschnittliche Hunde laufen stets Gefahr, zum Modehund zu werden. So auch der Deutsche Schäferhund: Er wurde zum populärsten Hund weltweit.

Malinois

Anlagen und Bedürfnisse

Seit je waren es tüchtige Gebrauchshunde an der Herde. Bis zum heutigen Tag hat der Belgische Schäferhund in allen seinen Varietäten diesen Arbeitseifer beibehalten. Seit dem letzten Jahrhundert ist er auch hoch geschätzter Familienhund, treu, leichtführig und lernfähig. Bei der Polizei und beim Zoll wird diese Rasse als unentbehrlicher Diensthund gebraucht, sei es als Fährten-, Such-, und Sprengstoffsuchhund oder für den Schutzdienst. Aus dem geht klar hervor, dass er ein idealer Freizeitgefährte für junge sportliche Leute ist, sei es für die unterschiedlichsten Hundesportarten oder für den Agilitysport. Die Belgischen Schäferhunde haben ein wetterfestes Haarkleid, das regelmäßig gepflegt sein will.

Der **Groenendael** ist ein langhaariger, einfarbig schwarzer eleganter Hund, mitunter mit einer weißen Halskrause. Er entwickelte sich um das Dorf Groenendaal.

Die Ahnen des **Tervueren** stammen tatsächlich von einem Bauern namens Tuycom aus Tervueren, der sehr sorgfältig und zielstrebig züchtete, denn es galt, Farbe und Haarart zu fixieren. Es sollte ein langhaariger, rotbrauner oder falber Hund mit schwarzer Maske sein.

Der **Laeken oder Laekenois** ist wenig bekannt, aber seine Geschichte führt uns ins Schloss Laeken, wo ein etwas eigenbrötlerischer flämischer Schäfer diese rauhaarigen Hunde züchtete. Der Laeken ist falb oder grau.

Der **Malinois** ist in Malines oder Mechelen entwickelt worden. Die Züchter legten von Anfang an wenig Wert auf die äußere Erscheinung, sie wollten einen tüchtigen Gebrauchshund und das ist bis heute so geblieben. Von allen Varietäten des Belgischen Schäferhundes ist der Malinois vermutlich die Begabteste.
Alle Belgischen Schäferhunde zeichnen sich durch hohe adaptive Intelligenz aus und sind hervorragende Arbeitshunde. Der Malinois allerdings ist bis heute an Leistungsprüfungen schwer zu übertreffen. Er ist kurzhaarig rot-braun mit schwarzer Maske.
Die Widerristhöhe beträgt bei allen vier Rassen 58 bis 62 cm.

Laekenois

Groenendael: Belgien
Tervueren: Belgien
Laekenois: Belgien
Malinois: Belgien

Eigenschaften:

- Wach- und Schutztrieb: 🐾🐾🐾🐾🐾
- Lauf- und Bewegungsbedürfnis: 🐾🐾🐾🐾🐾
- Tendenz zum Jagen und Hetzen: 🐾🐾🐾🐾
- Menschenfreundlich: 🐾🐾
- Familientauglich und gesellschaftsverträglich: 🐾🐾
- Erziehbarkeit: 🐾🐾🐾🐾
- Eignung für Senioren: 🐾

Arbeitsanlagen:

- Schutz- und Wachtrieb
- Helfer des Menschen
- Sportbegeistert

Rassegeschichte

Seit dem 17. Jahrhundert wurden die riesengroßen Schafherden in ganz Europa von Hirten gehütet. Ihren Hunden kam damals vor allem die Aufgabe zu, die großen Herden vor Dieben, Plünderern und Raubtieren zu schützen. Sie dienten also nicht in erster Linie zum Treiben der Schafe. Mit dem Rückgang der Schafherden in den Ebenen war die Existenz der Schäferhunde zunehmend gefährdet. Um den Untergang dieser belgischen Schläge zu verhindern, bemühte sich Professor Reul, gute Tiere zu finden, um weiter zu züchten. Nach etlichen Diskussionen gelangten die Züchter zum Schluss, dass bezüglich Haarart vier Varietäten gelten sollten. Alle Vier teilen sie mehr oder weniger dieselbe Entstehungsgeschichte, wobei die Namen von den Gegenden, in welchen die einzelnen Vertreter verbreitet vorkamen, abgeleitet sind.

Tervueren

Groenendael

Berger de Brie

Anlagen und Bedürfnisse

Ihre ruhige Art in Haus und Hof und den ausgeprägten Wachtrieb machten die drei Rassen **Berger de Brie**, den **Berger de Beauce** und den **Berger de Picardie** seit jeher zu beliebten Arbeitshunden. Darüber hinaus sind sie ihrer Familie treu ergeben. Alle sind lauffreudige, temperamentvolle und ausdauernde Hunde, denen man getrost eine große Herde anvertrauen kann. Fremden gegenüber sind sie reserviert, in bedrohlichen Situationen gar defensiv.

Der **Berger de Brie** ist die langhaarige Variante in den Farben Schwarz, Grau, Hellsandfarben. Er braucht viel Pflege, viel Beschäftigung und setzt Hundekenntnisse bei seinen Besitzern voraus. Er ist kein Hund für Stubenhocker.
Widerristhöhe: 56 bis 68 cm.

Berger de Picardie ist der Kleinste mit einer Widerristhöhe von 55 bis 65 cm, er ist eine rauhaarige Variante in den Farben Grau, Grau-schwarz, rötlich Grau, Hellsandfarben. Seine Anlagen sind ähnlich denen des Berger de Brie, auch er braucht eine Beschäftigung.

Der **Berger de Beauce** ist kurzhaarig in den Farben Schwarz mit Loh oder Harlekin (weißer Grund mit schwarzen, unregelmäßigen Flecken)

Berger de Picardie

Berger de Brie: Frankreich
Berger de Picardie: Frankreich
Berger de Beauce: Frankreich

Eigenschaften:

- Wach- und Schutztrieb: 🐾🐾🐾🐾🐾
- Lauf- und Bewegungsbedürfnis: 🐾🐾🐾🐾🐾
- Tendenz zum Jagen und Hetzen: 🐾🐾🐾🐾
- Menschenfreundlich: 🐾🐾
- Familientauglich und gesellschaftsverträglich: 🐾🐾
- Erziehbarkeit: 🐾🐾🐾🐾
- Eignung für Senioren: 🐾

Arbeitsanlagen:

- Schutz- und Wachen
- Sportbegeistert

und der größte unter den französischen Hütehunden mit einer Widerristhöhe von 61 bis 70 cm. Er braucht eine wirklich starke Hand, denn sein Schutztrieb ist ausgeprägt. In Frankreich gilt er bei der Polizei, beim Militär und beim Zoll als nervenfest und zuverlässig. In falschen Händen könnte er Aggressionen entwickeln. Für junge sportliche Menschen, die mit dem Hund arbeiten wollen, ist er ein idealer Partner. Wichtiges Rassemerkmal: doppelte Afterkrallen.

Rassegeschichte

Die drei französischen Rassen sind eng verwandt miteinander oder haben gar dieselben Wurzeln. Allerdings ist auch bekannt, dass ganz allgemein große Schäferhunde in Nordeuropa eine gewisse Ähnlichkeit aufweisen. 1898 kannte man nur den **Briard** und den **Beauceron**. Dass in der Picardie ein ähnlicher Typ existierte, wurde nicht beachtet, obwohl es früher schon regional Bauernfamilien gab, die diese Hunde rein züchteten.
Der Picard, der Briard und der Beauceron wurden von offizieller Seite nicht als eigenständige Rassen anerkannt. Wie so oft in der Geschichte, haben die beiden Weltkriege der Rasse geschadet, der Norden von Frankreich war von Kämpfen auch besonders stark betroffen. Der Bestand der Arbeitshunde schrumpfte bis auf wenige Tiere. Es ist ein paar Züchtern zu verdanken, dass einige Hunde die Kriegswirren überlebt haben und dass mit der vorhandenen Zuchtbasis die alten Rassen wieder neu aufgebaut wurden.

Berger de Beauce

Bearded Collie

Anlagen und Bedürfnisse

Langhaar-Collie (Collie rough coated): Allen ist er noch in Erinnerung, »Lassie« aus der gleichnamigen Filmserie: Der schottische Schäferhund, der in den 60er-Jahren des letzten Jahrhunderts alle Kinder zum Weinen und zum Lachen brachte. Kein Wunder, denn dieser alte britische Hütehund ist äußerst begabt und charakterfest: Der ideale Familienhund. Er braucht aber dennoch eine Beschäftigung, denn es darf nicht vergessen werden, dass dieser Hütehund für harte Arbeit gezüchtet wurde. Intelligent wie er ist, eignet er sich für viele Hundesportarten gut. Sein langhaariges wetterfestes Fell braucht regelmäßig Pflege und kommt in den Farben Zobel (Hellgold bis Mahagony) und Weiß, dreifarbig (Schwarz mit Braun und Weiß) oder blue merle (Silberblau gefleckt und Schwarz marmoriert) vor; weiße Abzeichen kommen bei allen Farbvarianten vor.
Widerristhöhe: 56 bis 61 cm.

Kurzhaar-Collie (Collie smooth coated): Er ist eher ein gedrungener Hund und verfügt über ähnliche Wesensmerkmale wie sein langhaariger Bruder: aufgeschlossen, weder nervös noch aggressiv. Da die ursprünglichen Tätigkeiten der schottischen Bauern anstrengend und vielseitig waren, verlangt auch dieser Hund Beschäftigung. Sein Haarkleid ist kurz und wetterfest in den gleichen Farben wie das des Langhaar Collies.
Widerristhöhe: 56 bis 61 cm.

Der **Bearded Collie** stammt ebenfalls aus dem schottischen Hochland und hat ein besonders anmutiges Wesen. Seine einstige rustikale Art tauschte er gegen eine gewisse Eleganz; seinem Wesen hat das jedoch keinen Abbruch getan. Er ist ein Familienhund und in den meisten Fällen unproblematisch, denn schon als Hütehund legte er keinen ausgeprägten Schutztrieb an den Tag. Er besitzt ein lebhaftes Temperament, das im Hundesport ein gutes Ventil findet. Er ist kein Hund für Stubenhocker. Sein Haarkleid ist lang in den Farben: Schiefergrau, Fawn (Beige), Schwarz, Blau- und Grautöne kommen vor, mit oder ohne weiße Abzeichen.
Widerristhöhe: 51 bis 59 cm.

Collie Langhaar

Langhaar-Collie: Großbritannien
Kurzhaar-Collie: Großbritannien
Bearded Collie: Großbritannien

Eigenschaften:

- Wach- und Schutztrieb: 🐾🐾🐾
- Lauf- und Bewegungsbedürfnis: 🐾🐾🐾🐾
- Tendenz zum Jagen und Hetzen: 🐾🐾
- Menschenfreundlich: 🐾🐾🐾🐾
- Familientauglich und gesellschaftsverträglich: 🐾🐾🐾🐾
- Erziehbarkeit: 🐾🐾🐾🐾
- Eignung für Senioren: 🐾🐾🐾

Arbeitsanlagen:

- Helfer des Menschen
- Sportbegeistert
- Begleiter

Rassegeschichte

Diese alten britischen Hütehunde haben in ihrem Ursprungsland eine lange Tradition. Dem **Langhaar-Collie** sagt man nach, er sei einer der ältesten britischen Hütehunde überhaupt. Ursprünglich im Norden Englands beheimatet, wurde er mit den Schafherden nach Schottland eingeführt, wo man ihn gezielt weiterzüchtete. Es heißt, es sei der russische Barsoi eingekreuzt worden, um ihn schneller und eleganter zu machen. Auch brauchte man den Collie als Hund für das Militär und die Polizei. Der **Kurzhaar-Collie** war eher ein Hund für Haus und Hof, die Bauern schätzten seinen Mut, er war unverzichtbar zum Viehtreiben.

Der **Bearded Collie** ist der kleinste dieser britischen Hütehunde-Rassen. Vermutlich sind seine Wurzeln in alten polnischen Rassen zu suchen. Sie gelangten im Mittelalter mit Handelsschiffen nach England.

Collie Kurzhaar

Schapendoes

Anlagen und Bedürfnisse

Diese drei Rassen haben vieles gemeinsam: es sind bewegungshungrige Naturburschen mit zottigem Haarkleid, verspielt und lebhaft. Als Familienhunde sind sie temperamentvoll im Freien, ausgeglichen im Hause, wachsam, aber Fremden gegenüber zurückhaltend bis scheu.
Als Schäferhunde sind sie schnell und wie geschaffen für jeden Sport, besonders für Agility. Befehle befolgen sie, wenn sie den Zweck erkennen können, denn an der Herde sind sie selbständiges Arbeiten gewöhnt. Aktive Menschen werden mit einem dieser »Workaholics« glücklich. Alle drei Rassen sind anhänglich und treu, niemals scharf oder nervös. Ihr Haarkleid muss regelmäßig gebürstet und gekämmt werden, damit Haut und Haar gesund bleiben. Gut »gestylt« ist nicht gefragt, sind es doch rustikale Arbeitshunde, was sie auch ohne Schafherde bleiben sollen.

Den **Berger des Pyrénées** gibt es in zwei Varietäten: Beide sind langhaarig, der eine als »à poil long«, und der andere ebenfalls langhaarig, aber mit glatthaarigem Gesicht »à face rasé«, in den Farben Sandfarben, Rotbraun, Grau oder Schwarz, buntscheckig.
Widerristhöhe: 40 bis 46 cm.

Der **Schapendoes** hat zottiges Langhaar in allen Farben.
Widerristhöhe: 40 bis 50 cm.

Der **PON** hat ebenfalls zottiges Langhaar in allen Farben außer dem Merlefaktor.
Widerristhöhe: 45 bis 50 cm.

Herkunft

Der **Berger des Pyrénées** ist der kleinste im Bunde und war schon seit Urzeiten der typische Hund des Gebirges. Oft isoliert, der Kälte, dem Wind und nassem Wetter ausgesetzt, war er an ein karges Leben gewöhnt.
Schapendoes heißt eigentlich Schafpudel und

Berger des Pyrénées

Berger des Pyrénées: Frankreich
Schapendoes: Niederlande
Polski Owczarek Nizinny (PON): Polen

Eigenschaften:

- Wach- und Schutztrieb:
- Lauf- und Bewegungsbedürfnis:
- Tendenz zum Jagen und Hetzen:
- Menschenfreundlich:
- Familientauglich und gesellschaftsverträglich:
- Erziehbarkeit:
- Eignung für Senioren:

Arbeitsanlagen:

- Helfer des Menschen
- Sportbegeistert
- Begleiter

gemäß holländischen Schäfern war er seit Urzeiten bekannt. In den holländischen Heidegebieten hielten sich die Hirten kleine struppige Hunde, die vorzüglich an der Herde arbeiteten. Sie waren alle vom selben Typ. Das Augenmerk der Hirten lag auf der Gebrauchstüchtigkeit und nicht auf dem Aussehen. Der unscheinbare, bescheidene Hund war nie aufgefallen. In der Holländischen Malerei ist nie ein Schapendoes dargestellt worden. Mit dem Rückgang der großen Schafherden drohte auch der liebenswerte Schapendoes zu verschwinden, wären da nicht der Züchter Tölpel gewesen, der sich der vergessenen Rassen annahm und weiterzüchtete. Der Polnische Niederungshütehund **Polski Owczarek Nizinny (PON)** wurde in seiner Heimat ebenfalls nicht groß beachtet, die Hirten brauchten ihn einfach über Hunderte von Jahren als tüchtigen Arbeitshund in der polnischen Tiefebene. Was zählte, war der Arbeitseifer, ob schön oder nicht war egal. Genügsam, intelligent und selbständig war er schon immer, und das war seine Chance, auch züchterisch zu überleben.

Polski Owczarek Nizinny (PON)

Border Collie

Anlagen und Bedürfnisse

Es heißt, er sei der intelligenteste Hund aller Rassen! Gemäß Stanley Coren, dem kanadischen Psychologen und Hundeausbilder, rangiert der Border Collie auf Platz eins bei der Arbeitsintelligenz. Der Border Collie hat ein ausgeglichenes Wesen, ist höchst aufmerksam und schnell. Als intelligenter Hund ist er gut erziehbar, nicht ängstlich und niemals aggressiv. Man stelle sich eine große verstreute Schafherde vor: Da – in rasendem Tempo nähert sich ein Border Collie, überspringt den Zaun und umrundet die Herde. Die Schafe rücken flink zusammen. Ein Pfiff des Schäfers – der Hund bremst ab und legt sich hin. Ein weiterer Pfiff und der Hund treibt die Herde ruhig in die Richtung des Schäfers. Der Border Collie arbeitet selbständig, einmal blitzschnell zur Seite flankierend, dann wieder in Zeitlupe die Herde anschleichend, ohne zu zögern und genau wissend, worauf es ankommt. Kein Schaf entkommt, keines bleibt zurück.

Klar ist, dass dieser Arbeitshund überdurchschnittlich viel Bewegung und Beschäftigung braucht. Um seinen Bedürfnissen gerecht zu werden, muss er, wenn er nicht als Treibhund arbeitet, eine konkrete Aufgabe haben. Für Leistungsprüfungen ist er gut geeignet – sei es als Sanitäts-, Begleit- oder Rettungshund, aber auch in den Sparten Obedience oder als Fährtenhund. Bekannt wurde der Border Collie vor allem durch den Agilitysport, bei dem er seinen ausgeprägten Bewegungsdrang ausleben kann. Als Familienhund ist er nur dann zu empfehlen, wenn ihm genügend geistige und körperliche Beschäftigung zukommt. Sein Fell ist stock- oder langhaarig in allen Farben, Weiß darf nicht dominieren.
Widerristhöhe: 50 bis 53 cm.

Border Collie: Großbritannien

Eigenschaften:

- Wach- und Schutztrieb: 🐾🐾
- Lauf- und Bewegungsbedürfnis: 🐾🐾🐾🐾🐾
- Tendenz zum Jagen und Hetzen: 🐾🐾🐾🐾
- Menschenfreundlich: 🐾🐾🐾🐾
- Familientauglich und gesellschaftsverträglich: 🐾🐾🐾🐾
- Erziehbarkeit: 🐾🐾🐾🐾🐾
- Eignung für Senioren: nein

Arbeitsanlagen:

- Sportbegeistert: Agility und alle Hundesportarten

Rassegeschichte

Die »Borders«, das Grenzland zwischen England und Schottland, sind die Heimat des Border Collie und haben ihm auch den Namen gegeben. Man brauchte ihn seit jeher, um Schafe zusammenzuführen, einzupferchen, auszusortieren, abzutrennen oder auf andere Weiden zu bringen. Egal, ob dies im flachen Weideland war oder auf einer Alp. Viele Border Collies gelangten nach Australien und Neuseeland, da ihre Arbeit sehr geschätzt wurde. Auch in der heutigen Zeit, wo wieder vermehrt Freilandhaltung gefordert wird, und größere Herden auf den Weiden grasen, ist der Border ein unentbehrlicher Helfer.

Shetland Sheepdog (Sheltie)

Anlagen und Bedürfnisse

Er ist so charmant wie populär, der kleine hübsche Sheltie, der keineswegs die Miniaturausgabe des Collies, sondern eine eigenständige Rasse ist. Die Attribute lassen sich sehen: intelligent, gutmütig, temperamentvoll, lernfreudig und -willig. Fremden gegenüber zeigt er sich reserviert, aber ängstlich ist er nicht. Diesem friedfertigen Hund, der sich in einer Familie mit Kindern extrem wohl fühlt, kann man getrost vertrauen, denn er möchte gefallen. Der Shetland Sheepdog ist ein idealer Weggefährte und lässt sich auch in einer kleineren Wohnung halten. Genügend Auslauf ist ein Muss, wer also gerne Spaziergänge macht, joggt oder Hundesport betreibt, wird mit einem Sheltie gute Zeiten haben.

Ratsam ist es, den kleinen Kerl früh an die Fellpflege zu gewöhnen, mehrmals wöchentlich muss das großartige lange, doppelte Haarkleid gekämmt und gebürstet werden. Es kommt vor in den Farben Zobel, rein oder schattiert in allen Nuancen von bleich Goldfarben bis dunkel Mahagonifarben, dreifarbig rein Schwarz am Körper mit warmen lohfarbenen Stellen.

Widderristhöhe: 35,5 bis 37 cm.

Shetland Sheepdog: Großbritannien

Eigenschaften:

- Wach- und Schutztrieb: 🐾🐾🐾
- Lauf- und Bewegungsbedürfnis: 🐾🐾🐾🐾🐾
- Menschenfreundlich: 🐾🐾🐾🐾
- Geeignet für Mehrfachhaltung: 🐾🐾
- Familientauglich und gesellschaftsverträglich: 🐾🐾🐾🐾🐾
- Erziehbarkeit: 🐾🐾🐾🐾
- Eignung für Senioren: 🐾🐾🐾🐾

Arbeitsanlagen:

- Helfer des Menschen
- Sportbegeistert
- Begleiter

Rassegeschichte

Shetland ist eine kleine Insel nördlich von Schottland. Es ist die Heimat von Ponies, von Schafen und von kleinen entzückenden Hütehunden. Shelties sind ein Kreuzungsprodukt aus Spitzen, Border Collies und von Walfängern mitgebrachten Grönlandhunden. Erst später wurde der Collie eingekreuzt, lange davor gehörten die Shelties zur Inselgruppe Shetland genauso wie die Schafe, von welchen die berühmte Shetlandwolle stammt. Nach dem Zweiten Weltkrieg reisten viele Amerikaner nach England, um Hunde für die inzwischen sehr populären Ausstellungen zu beschaffen. Viele gute Sheltie-Zuchtlinien in den USA haben ihre Wurzeln in England. Der Sheltie rangiert in der Beliebtheitsskala lange vor dem Collie.

Australian Shepherd (Aussie)

Anlagen und Bedürfnisse

Der Australian Shepherd ist ein Hütehund mit einem ausgeprägten Jagdtrieb, der sich aber dank seiner Führigkeit und seinem Arbeitstrieb gut unter Kontrolle bringen lässt. Er ist ein »Bruder Leichtfuß«, der unbedingt eine sinnvolle Beschäftigung in einer Hundesportart braucht. Lange Spaziergänge, ob als Reitbegleithund, mit dem Fahrrad oder mit dem Jogger gefallen ihm auch, werden aber seinem Arbeitswillen nicht gerecht. Ein unterbeschäftigter »Aussie« wird zum Kläffer. Er gilt in seiner Familie als ausgesprochen freundlich, Fremden gegenüber ist er skeptisch; schließlich gehörte es zu seiner ursprünglichen Aufgabe, die Farmen vor unerwünschten Besuchern zu bewachen. Sein Humor, aber auch sein selbständiges Denken machen ihn zu einem sehr speziellen, nicht einfachen Hund. Für Anfänger ist er weniger geeignet. Auch junge Familien sollten sich die Anschaffung gut überlegen. Der Australian Shepherd ist ein Sportler durch und durch, da kann er sich ins Zeug legen und als begeisterter Teilnehmer bei der Unterordnung brilliert er. Er hat ein mittelraues, mittellanges pfle-

Australian Shepherd: USA

Eigenschaften:

- Wach- und Schutztrieb: 🐾🐾🐾🐾
- Lauf- und Bewegungsbedürfnis: 🐾🐾🐾🐾🐾
- Tendenz zum Jagen und Hetzen: 🐾🐾🐾🐾🐾
- Menschenfreundlich: 🐾🐾🐾
- Familientauglich und gesellschaftsverträglich: 🐾🐾🐾
- Erziehbarkeit: 🐾🐾🐾🐾
- Eignung für Senioren: 🐾

Arbeitsanlagen:

- Helfer des Menschen
- Sportbegeistert in jeder Hundesportart
- Begleiter

geleichtes Haarkleid, gerade oder gewellt in den Farben Blau, Blaumerle, Rot, Rotmerle, Schwarz oder Rot mit oder ohne weiße Abzeichen.
Widerristhöhe: 46 bis 51 cm.

Rassegeschichte

Wie kommt es, dass der **Australian Shepherd** keine australische, sondern eine amerikanische Rasse ist? Es heißt: »Der Aussie ist deshalb ein so wunderbarer Hund, weil alle etwas dazu beigetragen haben, und zwar jede Rasse nur ihr Bestes.« Als nämlich mit der Besiedlung Amerikas im 16. Jahrhundert die Europäer in die Neue Welt segelten, brachten sie auch ihre Vieh- und Schafherden mit. Überall, wo sich Schafzüchter und Farmer niederließen, traf man auf flinke, kleine Schäferhunde, die dem Pyrenäenschäferhund, dem Collie sowie anderen Herdenhunden ähnlich sahen. Um 1800 gelangten auch aus dem Baskenland stämmige Schafhirten und ihre Schafe aus Australien nach Amerika und mit ihnen ihre Hunde. Ein bekannter Rodeoreiter, Jay Sisler, ließ seine bunten Hunde in seiner Show quer durch Amerika auftreten, was die begeisterten Westernreiter veranlasste, Australian Shepherds nach Europa einzuführen, um mit ihnen als Begleiter der Reiter Furore zu machen.

Maremmano

Anlagen und Bedürfnisse

Als Familienhunde sind diese Berghunde mit wenigen Ausnahmen nicht geeignet, da sie jeden Besucher als Bedrohung werten. Fraglich, ob sie überhaupt außerhalb ihrer Tätigkeit ein zufriedenes Leben führen würden. Hat ein erwachsener Hund zu wenig kreative Arbeit, fühlt er sich nutzlos. Dies könnte gar in einem Fehlverhalten enden.
In weiten Teilen Europas, wo Schafwirtschaft betrieben wird, sind die großen weißen oder crèmefarbenen Hirtenhunde mit dem reichlichen, langen und rauen Haarkleid bekannt.

Pastore Maremmano Abruzzese:
Der Maremmano ist die italienische Version dieser Typen. Er hütet die Schafherden in der Toskana und in den Abruzzen. Ein großer, wehrhafter Hund, der selbständig und unbestechlich seine Schafe oder das Anwesen seines Herrn beschützt. Heute wird der Maremmano in den Alpentälern vermehrt wieder als Herdenschutzhund gegen den Wolf und Bär eingesetzt.
Widerristhöhe: 60 bis 73 cm.

Der **Kuvasz** ist der populärste unter den weißen Hirtenhunden. Er ist aufmerksam, zeigt sich aber misstrauisch gegenüber allem, was er nicht kennt. Er braucht einen erfahrenen Besitzer, der sich von seinem Dominanzgebaren nicht einschüchtern lässt. Widerristhöhe: 60 bis 81 cm.

Rassegeschichte

Von den Karpaten bis in die Pyrenäen sind ähnliche Hunde als Herdenschutzhunde schon immer gehalten worden. Es ist möglich, dass diese Schläge mit Völkerwanderungen oder mit Nomaden aus Asien über Griechenland bis hin nach Westeuropa gekommen sind. Namhafte Kynologen sind der Ansicht, dass es sich ursprünglich um einen einzigen Typen gehandelt haben muss, denn die Übergänge der lokalen Schläge sind fließend.

Maremmano: Italien
Kuvasz: Ungarn

Eigenschaften:

- Wach- und Schutztrieb: 5 Pfoten
- Lauf- und Bewegungsbedürfnis: 4 Pfoten
- Tendenz zum Streunen: 2 Pfoten
- Tendenz zum Jagen und Hetzen: 1 Pfote
- Menschenfreundlich: 1 Pfote
- Einzelgänger: 5 Pfoten
- Gesellschaftsverträglich: 1 Pfote
- Eignung für Senioren: nein

Arbeitsanlagen:

- Schutz- und Wachtrieb an der Herde

Kuvasz

Bergamasker Hirtenhund: Italien

Eigenschaften:

- Wach- und Schutztrieb: 🐾🐾🐾🐾
- Lauf- und Bewegungsbedürfnis: 🐾🐾🐾🐾🐾
- Menschenfreundlich: 🐾🐾🐾
- Einzelgänger: 🐾🐾🐾🐾
- Familientauglich und gesellschaftsverträglich: 🐾🐾🐾
- Erziehbarkeit: 🐾🐾🐾
- Eignung für Senioren: 🐾

Arbeitsanlagen:

- Helfer des Menschen
- Sportbegeistert: Begleithund, Schutzhund, Sanitätshund
- Begleiter

Bergamasker Hirtenhund

Anlagen und Bedürfnisse

Das Leben der Schäfer und ihrer Hunde in den italienischen Bergtälern ist karg und einsam, was zählt ist die Freundschaft, die ein Bergamasker Hirtenhund seinem Meister zukommen lässt. Heutzutage lässt er dies seiner Familie, insbesondere den Kindern, angedeihen. Er ist als Junghund Fremden gegenüber argwöhnisch, was keinesfalls mit Ängstlichkeit zu verwechseln ist. Dies ist eine vererbte Eigenheit, denn ein junger Hund, der in der Einsamkeit nur auf seinen Hirten gestellt ist, darf nicht jeden Ankömmling freudig empfangen. Der erwachsene Bergamasker lässt sich so schnell nicht aus der Ruhe bringen, selbst im Schlaf ist er achtsam. Mit diesem Hund lässt es sich gut in verschiedenen Hunde-sportarten arbeiten, vor allem aber ist er ein guter Freund. Die Pflege des Bergamaskers ist denkbar einfach, soll das typische Wasser abstoßende Bergamasker Fell erhalten bleiben. Demnach wird der Junghund weder gebürstet noch gekämmt. Ein gelegentliches Abduschen des Bauches und der Beine mit anschließendem Trockenreiben genügt.

Haarart: weich, sehr lang und zottig, schnürt gerne, in den Farben Grau oder fleckig.
Widerristhöhe: 56 bis 60 cm.

Rassegeschichte

Man vermutet, dass diese Schläge mit phönizischen Händlern nach Europa kamen, denn viele mittelgroße Schäferhunderassen sind sich im Typ sehr ähnlich. Die Schafhirten in den Tälern rund um Bergamo pflegten schon im Mittelalter ihre Herden in den Alpen zu sömmern. Sie wurden von den zottigen Hunden begleitet, den Cani delle Alpi. Diesen wurde jeweils ein Trupp Schafe zugeteilt.

Old English Sheepdog (Bobtail)

Old English Sheepdog: Großbritannien

Eigenschaften:

- Wach- und Schutztrieb:
- Lauf- und Bewegungsbedürfnis:
- Tendenz zum Jagen und Hetzen:
- Menschenfreundlich:
- Familientauglich und gesellschaftsverträglich:
- Erziehbarkeit:
- Eignung für Senioren:

Arbeitsanlagen:

- Helfer des Menschen
- Sportbegeistert in jeder Hundesportart
- Begleiter

Besonderheiten:

- Sein Haar lässt sich filzen.

Anlagen und Bedürfnisse

Loyal ist er, liebevoll, bisweilen sanft, und dann wieder überschäumend im Temperament; es ist eine Kunst, ihm Meister zu werden. Er ist jedoch niemals von Aggressionen gekennzeichnet: Das ist der Bobtail. Eigentlich wäre er ein beeindruckender Wachhund, wenn ... ja, wenn er im Ernstfall auch handeln würde.

Über Jahrhunderte als Herdenschutzhund gebraucht, hat er die Neigung entwickelt, junge Tiere und Kinder zu »adoptieren« und zu beschützen. Als Hütehund ist er ruhig, stoisch und vertrauenswürdig. Außerdem ist er dauernd in Bewegung: Auch nach stundenlangem Wandern, kaum zu Hause angekommen, will dieser Hund noch spielen. Kurz gesagt: Bobtails brauchen Beschäftigung und Bewegung.

Das lange zottige Haar ist pflegeintensiv und kommt in alle Schattierungen von Grau, Blau, Bluemerle mit oder ohne Weiß vor.

Widerristhöhe: 56 bis 61 cm.

Rassegeschichte

Die Geschichte des Bobtails geht weit in die Vergangenheit zurück. Er heißt Bobtail, was so viel bedeutet wie »Stummelschwanz«, oder Old English Sheepdog und war ein schottischer Herdenschutzhund. Nach der Ausrottung des Wolfs wurde er von Schäfern und Viehtreibern als robuster Treibhund gebraucht.

Puli

Anlagen und Bedürfnisse

Diese drei ungarischen Hütehunderassen sind miteinander verwandt, wobei der **Puli** der älteste ist. Dieser tüchtige Kerl hatte viele Funktionen zu erfüllen und war stets ein brauchbarer Helfer der Landbevölkerung. Pulik (ungarisch Mehrzahl) werden heute ausschließlich für das Hüten und Bewachen der Herde verwendet. Ihr Markenzeichen ist das Schnürenhaarkleid. Der Puli hat einen angenehmen Charakter, ist lebhaft und niemals aggressiv. Er erfreut sich weltweit großer Beliebtheit. Das geschnürte Haar darf nicht ausgekämmt werden. Um es gesund und geruchsfrei zu erhalten, empfiehlt es sich, den Hund öfters zu baden und trocken zu reiben.

Ebenfalls ein effizienter Hütehund ist der **Pumi**, ein aparter kleiner Kerl mit lustigen Stehohren und krausem Haar. Er ist berühmt für seine Kühnheit, weshalb er sowohl für das Hüten und Treiben von Schafen als auch für Rinder gebraucht wurde. Dieser angenehme Vierbeiner ist nebenbei auch ein guter Wächter und temperamentvoller Begleiter.

Schließlich ist noch der **Mudi** zu erwähnen, auch er ist ein Hütehund des ungarischen Weidelandes mit krausem drei bis sieben cm langem Haarkleid.

Mudi

Puli: Ungarn
Pumi: Ungarn
Mudi: Ungarn

Eigenschaften:

- Wachtrieb: 🐾🐾🐾
- Lauf- und Bewegungsbedürfnis: 🐾🐾🐾🐾🐾
- Tendenz zum Jagen und Hetzen: 🐾🐾🐾
- Menschenfreundlich: 🐾🐾🐾🐾
- Familientauglich und gesellschaftsverträglich: 🐾🐾🐾
- Erziehbarkeit: 🐾🐾🐾
- Eignung für Senioren: 🐾

Arbeitsanlagen:

- Sportbegeistert: Agility
- Begleithund

Auch er macht begeistert mit beim Hundesport und ist ein lustiger Familienhund. Dieser Hund galt schon immer als furchtlos und draufgängerisch und ist nichts für Stubenhocker.

Alle drei sind noch sehr urig, passen sich aber auch an städtische Verhältnisse an, vorausgesetzt man gibt ihnen Gesellschaft und Beschäftigung.
Puli, Pumi und Mudi kommen in den Farben Schwarz mit grauen Nuancen mit Weiß vor, der Mudi Silberblau und Schwarz marmoriert (bluemerle) sowie Falb.

Rassegeschichte

Der **Puli** ist eine alte Rasse, die vermutlich aus Asien ins ungarische Tiefland gekommen ist. Bereits Mitte des 18.Jahrhunderts wurde dieser originelle Hütehund in der kynologischen Literatur als ungarischer Wasserhund beschrieben. Er soll sich auch für die Jagd auf Kaninchen und Enten geeignet haben. Bei allen Wasserhunderassen ist der Übergang vom Jagdhund zum Hütehund fließend.
Der **Pumi** gilt als Kreuzung zwischen Puli und französischen sowie deutschen stehorigen Hütehunderassen. Seit einem halben Jahrhundert wird er einheitlich gezüchtet und hat einen eigenen Standard.
Der **Mudi** entstand erst Anfang des 20. Jahrhunderts und ist die jüngste Kreation. Er ist vermutlich eine spontane Kreuzung zwischen Puli und Pumi.

Pumi

Weißer Schäferhund: Schweiz

Eigenschaften:

- Wach- und Schutztrieb: 🐾🐾
- Lauf- und Bewegungsbedürfnis: 🐾🐾🐾
- Tendenz zum Jagen und Hetzen: 🐾🐾🐾
- Menschenfreundlich: 🐾🐾🐾🐾
- Familientauglich 🐾🐾🐾🐾
- Gesellschaftsverträglich: 🐾🐾
- Erziehbarkeit: 🐾🐾🐾🐾
- Eignung für Senioren: 🐾

Arbeitsanlagen:

- Helfer des Menschen: Therapiehund, Blindenführhund,
- sportbegeistert: Begleithund, Sanitätshund, Obedience
- Begleiter

Berger Blanc Suisse (Weißer Schäferhund)

Anlagen und Bedürfnisse

Als arbeitsfreudig, aktiv und belastbar wird der Berger Blanc Suisse beschrieben – ein idealer Hund für sportliche Menschen, die bereit sind, eine Menge zu unternehmen. Diese sanften Hunde gelten als lernfähig und sind bei einer konsequenten Erziehung ohne Härte leicht zu führen. Doch: Der Berger Blanc Suisse ist nach wie vor ein Schäferhund. Er eignet sich sowohl als Lauf- oder Reitbegleiter und macht auch auf dem Übungsplatz eine gute Figur. Seiner Größe zum Trotz zeigt sich dieser Hund in der Regel als freundlich. Aggressivität ist selten ein Thema; ängstliche oder schreckhafte Hunde werden nicht zur Zucht zugelassen.

Auch bezüglich Pflege ist der Berger Blanc Suisse unkompliziert: Diese beschränkt sich auf Bürsten und Auskämmen der Unterwolle etwa dreimal pro Woche. Es gibt zwei Haarvarietäten: Stockhaar oder Langstockhaar ausschließlich weiß.
Widerristhöhe: 58 bis 66 cm.

Rassegeschichte

Der Berger Blanc Suisse ist ein Hund mit einer bewegten Vergangenheit: Gemäß Überlieferungen waren bereits Ende des 19. Jahrhunderts solche Tiere im Haus Habsburg vertreten, weil sie gut zu den weißen Lipizzaner-Pferden gepasst haben sollen. Doch Deutschland schloss 1933 diese weiße Varietät von der Zucht aus. Dafür entwickelten sie sich in Kanada und Amerika zu einer eigenständigen Rasse, was auch den früheren Namen »Amerikanisch-Kanadischer Schäferhund« erklärt. Die in den USA lebende Schweizerin Agatha Burch kehrte 1970 mit dem Rüden »Lobo« in die Schweiz zurück und setzte damit den Grundstein für die europäische Zucht. Seit 2003 gilt der Weiße Schäferhund als eine von der FCI provisorisch anerkannte neue Schweizer Rasse.

Holländischer Schäferhund

Holländischer Schäferhund: Niederlande

Eigenschaften:

- Wach- und Schutztrieb: 🐾🐾🐾🐾🐾
- Lauf- und Bewegungsbedürfnis: 🐾🐾🐾🐾🐾
- Tendenz zum Jagen und Hetzen: 🐾🐾🐾🐾🐾
- Menschenfreundlich: 🐾🐾
- Einzelgänger: 🐾🐾🐾🐾🐾
- Familientauglich und gesellschaftsverträglich: 🐾
- Erziehbarkeit: 🐾🐾🐾
- Eignung für Senioren: nein

Arbeitsanlagen:

- Sportbegeistert: alle Hundesportarten

Anlagen und Bedürfnisse

Außerhalb seiner Heimat ist dieser Schäferhund kaum bekannt, er wird noch heute als gesunder Gebrauchshund eingesetzt. Die Holländischen Schäferhunde haben viele Tugenden, weshalb sie bei den Hirten bevorzugt werden: Sie gelten als sensibel, temperamentvoll, wachsam, arbeitsfreudig und ausdauernd. Darüber hinaus sind sie robust und wetterfest, mithin exzellente Hütehunde. Unter gewissen Voraussetzungen eignen sie sich als Familienhunde, brauchen aber weit mehr als einen schönen Garten. Dieser aktive, lerneifrige Hund muss Arbeit erhalten. Der Holländer ist ein »one-man-dog«, das heißt, er schließt sich gerne für sein ganzes Leben an ein und dieselbe Person an.

Es gibt drei Varietäten: Der Kurzhaar (KH) ist der temperamentvollste, der Rauhaar (RH) ist der urigste, er ist seit über 100 Jahren unverändert geblieben, der Langhaar (LH) ist der feinfühligste, er darf aber nicht ängstlich sein. Regelmäßige Fellpflege ist erforderlich. Die Farben sind Dunkelbraun oder Grau gestromt.
Widerristhöhe: 55 bis 57 cm.

Rassegeschichte

Das holländische Gebiet Noord-Brabant mit seinen weiten Heidelandschaften ist seit Mitte des 19. Jahrhunderts die Heimat des Holländischen Schäferhundes. Die Anforderungen, die an diesen Hund gestellt wurden, waren sehr hoch, sei es als Schaftreiber oder als Hüter. Mitunter half der Hund auch, den kargen Speisezettel des Hirten aufzubessern, indem er »so nebenbei« auf die Jagd ging und seinem schlecht bezahlten Meister zu einer zwar illegalen, aber köstlichen Mahlzeit verhalf.

Gos d'Atura Catalá: Spanien
Câo da Serra de Aires: Portugal

Eigenschaften:

- Wach- und Schutztrieb: 🐾🐾🐾🐾
- Lauf- und Bewegungsbedürfnis: 🐾🐾🐾🐾
- Tendenz zum Jagen und Hetzen: 🐾🐾🐾🐾
- Menschenfreundlich: 🐾🐾🐾
- Familientauglich und gesellschaftsverträglich: 🐾🐾🐾
- Erziehbarkeit: 🐾🐾🐾🐾
- Eignung für Senioren: 🐾

Arbeitsanlagen:

- Sportbegeistert: viele Hundesportarten
- Begleiter

Câo da Serra de Aires

Anlagen und Bedürfnisse

Der **Gos d'Atura Catalá** ist eng verwandt mit dem Pyrenäen Schäferhund. Dieser alte Hütehundeschlag der Bergbauern ist robust, genügsam und ausdauernd. Dass er auch ein exzellenter Wachhund ist, weiß die Polizei und das Militär, wo er ebenfalls Verwendung findet, zu schätzen. Er ist ein lebhafter, munterer Vierbeiner und hat als Familienhund eine große Anhängerschaft, obwohl er Fremde abweist. Als Familienhund muss der Gos d'Atura Catalá oder »Perro de Pastor Catalá«, wie er auch noch genannt wird, unbedingt beschäftigt werden. Sein Haarkleid ist lang, gerade oder leicht gewellt in den Farben Braun, Sand, Grau und Schwarz mit Abzeichen.
Widerristhöhe: 45 bis 55 cm.

Gos d'Atura Catalá (Katalanischer Schäferhund)

Aus dem Alentejo in Portugal kommt der »Bruder« des Cos d'Atura, der **Câo da Serra de Aires**. Ebenfalls verwandt mit dem Pyrenäen Schäferhund, ist er uriger, rustikaler und kräftiger. Ein arbeitsfreudiger, verlässlicher Gebrauchs- und Familienhund. Sein Haarkleid ist lang und glatt, in den Farben Gelblich, Kastanienbraun, Grau oder Wolfsgrau.
Beide haben eine Widerristhöhe: 45 bis 55 cm.

Rassegeschichte

Hütehunde des Schlags **Gos d' Atura Catalá** und **Câo da Serra de Aires** gab es in vielen Bergtälern Europas. Sie sind zum Verwechseln ähnlich und alle miteinander verwandt. Dennoch ist der Gebrauch dieser Rassehunde oftmals differenziert, aber tüchtige Helfer der Bauern sind sie auf vielen Gebieten.

Welsh Corgi Cardigan

Welsh Corgi Cardigan: Großbritannien
Welsh Corgi Pembroke: Großbritannien

Eigenschaften:

- Wachtrieb: 🐾🐾🐾
- Lauf- und Bewegungsbedürfnis: 🐾🐾🐾
- Tendenz zum Jagen und Hetzen: 🐾
- Menschenfreundlich: 🐾🐾🐾🐾
- Geeignet für Mehrfachhaltung: 🐾🐾🐾🐾
- Familientauglich und gesellschaftsverträglich: 🐾🐾🐾🐾
- Erziehbarkeit: 🐾🐾🐾
- Eignung für Senioren: 🐾🐾🐾🐾

Arbeitsanlagen:

- Sportbegeistert
- Begleiter

Anlagen und Bedürfnisse

Der kleine walisische »Gernegroß« ist ein furchtloser, frecher, witziger, humorvoller Kerl mit einem listigen Fuchsgesicht und einer großen Portion Selbstbewusstsein. Er hilft den walisischen Bauern, Rinder zu treiben. Beide Schläge haben eine ausgesprochen gute Beweglichkeit, die es ihnen beim Arbeitseinsatz ermöglichte, ausschlagenden Rindern auszuweichen.

Heute ist der Welsh Corgi auch als Haushund verbreitet. Als guter Kumpel in der Familie ist er weder scheu noch aggressiv. Verschmitzt lässt er seinen Besitzer im Glauben, der Boss zu sein! Der Corgi ist aber dennoch gut zu erziehen, er begreift schnell, ohne unterwürfig zu sein.

Wie alle Arbeitshunde der Bauern braucht der Corgi auch als Familienhund Bewegung und Beschäftigung. In Agility- und Unterordnungswettbewerben kann er gut und gerne auf vorderen Plätzen stehen. Seine Anpassungsfähigkeit ist sprichwörtlich, ein Schloss wie die Corgis der Englischen Königin braucht er nicht. Corgis fühlen sich in einer Wohnung, sei es auf dem Lande oder in der Stadt, sehr wohl.

Die Anforderungen an die Fellpflege sind nicht groß, gelegentliches Bürsten reicht.

Beim **Pembroke** ist das Haarkleid mittellang, mit dichter Unterwolle in den Farben Rot oder Gelb, kombiniert Schwarz, Loh und Weiß.

Welsh Corgi Pembroke

Beim **Cardigan** ist es kurz, hart und gerade und kann in allen Farben vorkommen.

Rassegeschichte

Eine walisische Abbildung aus dem 17. Jahrhundert zeigt einen niedrigen Hund, der Ähnlichkeiten mit den heutigen Corgis aufweist, was die Waliser dazu veranlasste zu erklären, der Corgi sei der ursprüngliche Hund der britischen Inseln. Es soll schon lange einen kleinen stehohrigen Bauernhund gegeben haben, den sie »Heeler« nannten, den Fersenbeißer.

Bouvier des Flandres: Frankreich/Belgien

Eigenschaften:

- Wach- und Schutztrieb: 🐾🐾🐾🐾🐾
- Lauf- und Bewegungsbedürfnis: 🐾🐾🐾🐾
- Tendenz zum Streunen, Jagen und Hetzen: 🐾🐾
- Familientauglich: 🐾🐾🐾
- Gesellschaftsverträglich: 🐾🐾🐾
- Erziehbarkeit: 🐾🐾🐾
- Eignung für Senioren: nein

Arbeitsanlagen:

- Sportbegeistert: Alle Hundesportarten
- Begleiter

Besonderheiten:

- Kein Hund für Einsteiger

Bouvier des Flandres

Anlagen und Bedürfnisse

Falls der **Bouvier des Flandres** artgerecht gehalten ist, eine konsequente Erziehung genießt und viel Auslauf hat, ist er der ideale ausdauernde Allrounder. Kenner schätzen seinen Verstand und Mut, seine unbestechliche Treue und Wachsamkeit sowie seine natürliche Schärfe mit hoher Reizschwelle. Der Bouvier hat einen ausgezeichneten Geruchssinn, so dass er, neben allen Hundesportarten, auch ein idealer Suchhund ist. Der Bouvier des Flandres zählt zu den anerkannten Diensthunderassen. In die Familie fügt er sich gut ein und ist trotz seiner Ruhe und Ausgeglichenheit ein sehr verspielter Hund. Geduld dankt er mit Lernbereitschaft und einer hohen Auffassungsgabe. Fremde interessieren ihn nicht, da ist er mitunter auch abweisend.

Die Pflege des rauhaarigen Fells, das in den Farben Falb, Grau, Schwarz oder gestromt vorkommt, ist wichtig: Um sein Erscheinungsbild zu erhalten und eine Verfilzung zu vermeiden, sollte er regelmäßig fachgerecht getrimmt werden, ansonsten genügt Kämmen einmal pro Woche.

Widerristhöhe: 59 bis 62 cm.

Rassegeschichte

Napoleon soll auf seinen Feldzügen zottige Hunde als Ochsentreiber mitgeführt haben. Seine Viehherden, die den Proviant der Truppen darstellten, repräsentierten einen beträchtlichen Wert. Kein Wunder, wählte er imposante und furchtlose Hunde, um diese Herden zusammenzuhalten und zu beschützen. Der Name Bouvier kommt vom lateinischen »Bovis« und bedeutet der Ochse. Bouvier ganz allgemein heißt Herdenschutzhund. Sie wurden auch »Toucheur de Boeuf« genannt, was ebenfalls auf ihre Funktion hinweist. In gewissen Gegenden von Frankreich, aber auch in Flandern, soll es stets ähnliche Typen gegeben haben, die auch »Koehond« (Kuhhund) genannt wurden.

Widerristhöhe: 59 bis 62 cm.

Australian Kelpie

Australian Cattle Dog: Australien
Australian Kelpie: Australien

Eigenschaften:

- Wach- und Schutztrieb: 4 Pfoten
- Lauf- und Bewegungsbedürfnis: 5 Pfoten
- Tendenz zum Jagen und Hetzen: 3 Pfoten
- Menschenfreundlich: 3 Pfoten
- Familientauglich und gesellschaftsverträglich: 3 Pfoten
- Erziehbarkeit: 3 Pfoten
- Eignung für Senioren: nein

Arbeitsanlagen:

- Sportbegeistert: Alle Hundesportarte
- Hütearbeit

Anlagen und Bedürfnisse

Ein zäher Bursche, dieser **Australian Cattle Dog**, robust und ausdauernd, gezüchtet für die harte Treibarbeit am Rind. Ein typischer Workaholic, der, falls er in der Familie gehalten wird, ohne sinnvolle Beschäftigung schnell zum anstrengenden Mitbewohner mutiert. Eine fundierte Erziehung ist unabdingbar, denn schließlich kann dieser Hund zubeißen, mindestens wenn es sich um eine Rinderhaxe handelt. Er eignet sich vorzüglich für jeglichen Hundesport, als bloßer Familienhund würde er verkümmern. Kurzes Stockhaar in den Farben Blau- oder Rotfleckig.
Widerristhöhe: 43 bis 51 cm.

Der **Australian Kelpie** arbeitet sowohl in Australien wie auch in den USA mehrheitlich an Schafen, gelegentlich auch an Rindern. Er ist ein gelassener, aber munterer Hund, eher der Typ Schäferhund. Er ist auch auf dem Kontinent anzutreffen, wo er inzwischen an Hütetrials (Hütewettbewerben) ganz vorne in der Rangliste zu finden ist. Der Kelpie ist Schwarz mit Loh, Rotbraun, Hellbraun Rauchblau. Sein Fell ist über dem Rücken stockhaarig, am Kopf, an den Flanken und Läufen kurz.
Widerristhöhe: 46 bis 51 cm.

Rassegeschichte

In den Zeiten der Kolonisation sind etliche Hunderassen, die mit den europäischen Siedlern auf den neuen Kontinent gelangt sind, mit den einheimischen Hunden gekreuzt worden. Denn die Siedlerhunde konnten sich weder an die klimatischen Verhältnissen noch an die Topographie anpassen; die Treibhunde aus England waren den riesigen Distanzen nicht gewachsen. Ein Viehzüchter namens Timmins kreuzte sie beispielsweise mit dem Dingo, einem stumm jagenden »Jäger«. So entstand der Cattle Dog. Die Vorfahren des Kelpie waren vermutlich Kurzhaar Collies.

Australian Cattle Dog

Pinscher, Schnauzer, Doggenartige (Molosser) und Schweizer Sennenhunde

Die Rassen dieser Gruppe sind zur Hauptsache für das Anwesen ihres Herrn verantwortlich. Pinscher und Schnauzer waren schon immer Hunde, die in der Landwirtschaft vielfältige Aufgaben hatten: Sie mussten in Speicher und Stall Mäuse und Ratten töten, das Fuhrwerk begleiten und vor Dieben schützen, kleine Karren ziehen und das Vieh zu Markte treiben. Es sind robuste Hunde, die mit ihrer imposanten Erscheinung beeindrucken und die einen schroffen Umgang gewöhnt waren. Um in diesem Umfeld eine Hilfe zu sein, durften sie weder streunen noch jagen.

Molosser sind große, schwere, doggenartige Hunde. Ihr Name kommt von einem Königsgeschlecht in Epirus. Alexander der Große (356–323 v. Ch.) führte diese Hunde auf seinen Kriegszügen mit. Sie hatten das Lager und den Tross zu bewachten oder wurden als Botengänger eingesetzt. Die Abgrenzung verschiedenartiger Hunderassen – Berghunde und Doggenartige – ist nicht deutlich. Mit der Völkerwanderung kamen Hunde in andere Gebiete und vermischten sich mit einheimischen Tieren, wodurch sich neue Rassen entwickelten. Bei Ausgrabungen, beispielsweise in Großbritannien, hat man Knochenfunde gemacht, die deutlich von doggenartigen Hunden aus der Eisenzeit (1000 v. Ch.) stammen.

Dobermann

Anlagen und Bedürfnisse

Der **Dobermann** ist elegant, sportlich und gilt als leichtführiger, temperamentvoller Diensthund von mittlerer Schärfe. Er ist beliebt bei Hundesportlern, denn er steht bei Gehorsamsprüfungen oft auf dem Podest. Es sind loyale Hunde und sehr anhänglich, aber ihr Wach- und Schutztrieb darf nicht außer acht gelassen werden; er gehört in erfahrene Hände. Der Dobermann hat kurzes glattes Haar in den Farben Schwarz und Dunkelbraun mit rotbraunen Abzeichen.
Widerristhöhe: 63 bis 72 cm.

Der **Pinscher** stand immer im Schatten seines rauhaarigen Bruders, des Schnauzers. Seine Attribute sind Temperament, Aufmerksamkeit, Führigkeit. Die Spiellust des eleganten, robusten Pinschers ist groß, deshalb eignet er sich vorzüglich für den Hundesport. Er ist ein angenehmer Hausgenosse. Sein Haarkleid ist hart, dicht und glatt in den Farben Hirschrot bis dunkel Rotbraun und Schwarz mit braunen Abzeichen.
Widerristhöhe: 45 bis 50 cm.

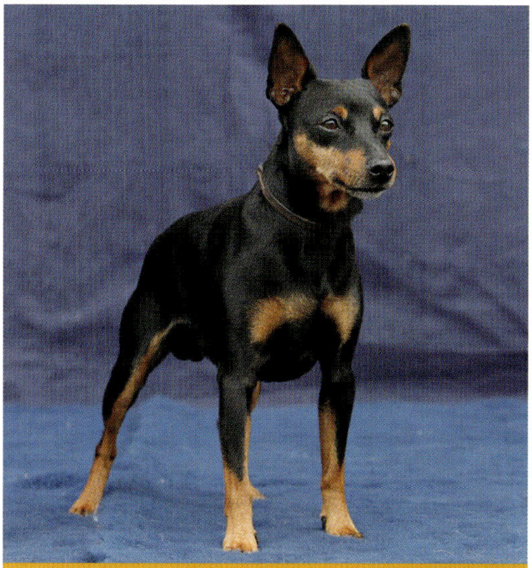

Pinscher

Dobermann: Deutschland
Pinscher: Deutschland

Eigenschaften:

- Wach- und Schutztrieb: 🐾🐾🐾🐾
- Lauf- und Bewegungsbedürfnis: 🐾🐾🐾🐾🐾
- Tendenz zum Jagen und Hetzen: 🐾🐾🐾🐾
- Menschenfreundlich: 🐾🐾
- Familientauglich: 🐾🐾
- Erziehbarkeit: 🐾🐾🐾🐾
- Eignung für Senioren:
  Dobermann: nein
  Pinscher: 🐾🐾🐾

Arbeitsanlagen:

- Sportbegeistert: viele Hundesportarten
- Begleiter

Rassegeschichte

Der Dobermann sollte der perfekte Hund werden: scharf und intelligent wie ein Schäferhund, reaktionsschnell wie ein Pinscher, mit der Nase eines Weimaraners, dem Schutztrieb des Rottweilers und der Schnelligkeit des Greyhounds. So etwa hatte sich Friederich Louis Dobermann (1834) in Apolda, Thüringen, seinen Hund vorgestellt. Leider hat Louis Dobermann keine schriftlichen Aufzeichnungen über seine Züchtungen hinterlassen. Er wollte schließlich nur einen Hund für sich, denn er war städtischer Hundefänger, Steuereintreiber und Nachtwächter. Verständlich, dass er einen scharfen Hund an seiner Seite wünschte, hatte er doch des Öfteren einen prall gefüllten Beutel mit eingetriebenen Steuern dabei.

In der Literatur heißt es, dass es in Thüringen schon lange ähnliche Hunde gegeben haben soll. Da diese Rasse ursprünglich scharf war und den Ruf hatte, selbst den Teufel anzugreifen, wurde die amerikanische Armee auf sie aufmerksam und holte einzelne Hunde für die Marine. Dort avancierte der Dobermann zum Maskottchen, weshalb er in den USA auch »Marine War Dog« genannt wird.

Der heutige Dobermann ist nicht zu vergleichen mit den Hunden, die zur Jahrhundertwende lebten. Eine gezielte Zuchtauswahl auf verträgliches Wesen hat dies möglich gemacht.

Die Bezeichnung Pinscher wird abgeleitet vom englischen Ausdruck »to pinch«, was so viel heißt wie kneifen und einfangen. Das deutet auf seine Vergangenheit als Rattenfänger und zuverlässigen Wächter hin. Er drohte in Vergessenheit zu geraten, hätten sich nicht Schnauzerleute darum bemüht, diesen schneidigen Hund zu erhalten. Er war der charakteristische Begleiter des Fuhrwerks, niemand hätte gewagt, sich Pferd und Wagen zu nähern, solange der vitale Pinscher oben saß.

Dobermann

Mittelschnauzer

Anlagen und Bedürfnisse

Schnauzer wurden in ländlichen Gebieten für vielseitige Bewachungsaufgaben eingesetzt. Alle haben hoch entwickelte Sinnesorgane, lassen sich gut ausbilden, sind unerschrocken und verfügen über Ausdauer und Widerstandsfähigkeit. Diese Tiere bringen alle Voraussetzungen für einen exzellenten Gebrauchshund mit. In erster Linie sind es jedoch vorzügliche, anhängliche Familienhunde. Schnauzer sind originelle Kerle mit pointiertem Auftreten, Humor scheint ihnen vererbt, denn diese fröhlichen Tausendsassas sind auch bereit, mit Kindern jeden Unfug zu treiben.

Der **Riesenschnauzer** hat einen ausgeprägten Schutztrieb, der, mit hoher Intelligenz gepaart, sein Markenzeichen ist. Ursprünglich im süddeutschen Raum als Treiber der Viehherde gehalten, erkannte man bald, dass sich dieser begabte Hund als Diensthund eignet. Seine Wesenszüge sind gutartig, er hat einen ausgeglichenen Charakter und eine unbestechliche Treue zu seinem Herrn. Der kluge Hund lässt sich gut führen, hat Kraft, Ausdauer und Schnelligkeit: ein idealer Begleit-, Sport- und Familienhund. Bei der Polizei wird er als Sprengstoffsuchhund und im Katastropheneinsatz hoch geschätzt.

Riesenschnauzer

Riesenschnauzer: Deutschland
Mittelschnauzer: Deutschland
Zwergschnauzer: Deutschland

Eigenschaften:

- Wach- und Schutztrieb:
- Lauf- und Bewegungsbedürfnis:
- Tendenz zum Jagen und Hetzen:
- Menschenfreundlich:
- Familientauglich und gesellschaftsverträglich:
- Erziehbarkeit:
- Eignung für Senioren: Mittel- und Zwergschnauzer:

Arbeitsanlagen:

- Diensthund
- sportbegeistert
- Begleiter

Das stabile Wesen spielt bei jeder Schnauzerrasse eine enorme Rolle und für alle drei Varietäten gilt die typische Anatomie der Arbeitsfähigkeit. Als Stallhund war der **Mittelschnauzer** unentbehrlich, weil er die Ratten und Mäuse kurz hielt. Heute ist er auf dem Hundesportplatz anzutreffen, wo er regelmäßig eine gute Figur macht.
Der **Zwergschnauzer** war seit eh und je ein liebevoller Begleiter, der sich in Kleinfamilien besonderer Beliebtheit erfreut.

Das Haarkleid aller Varietäten muss regelmäßig getrimmt werden, es ist rau und hart in den Farben Reinschwarz oder Pfeffersalz, Eisen- bis Silbergrau. Bei den Zwergschnauzern kommen zusätzlich die Farben Schwarz/Silber und Weiß dazu.
Widerristhöhe:
Riesenschnauzer: 65 bis 70 cm.
Mittelschnauzer: 45 bis 50 cm.
Zwergschnauzer: 30 bis 35 cm.

Rassegeschichte

Mal hatten sie den Verkaufsstand zu bewachen, mal ließ man sie das Vieh auf den Markt treiben oder den Bauernhof bewachen. Bisweilen fing der Schnauzer lästige Ratten in Speicher und Stall oder er begleitete seinen Meister auf längeren Reisen, bei welchen er die Geldbörse absicherte. Den Namen gab vermutlich ein Hund namens »Schnauzer«, der wegen seines ausgeprägten Bartes so gerufen wurde. Es sind urtypische deutsche Hunde und wurden schon im vorletzten Jahrhundert rein gezüchtet. Lange Zeit galt der Schnauzer als rauhaariger Pinscher, die Übergänge waren fließend. In Stuttgart steht ein Denkmal aus dem Jahre 1620: »Der Nachtwächter mit seinem Hund«, der dargestellte Hund ist eindeutig ein Schnauzer.

Zwergschnauzer

Deutsche Dogge

Anlagen und Bedürfnisse

Im frühen Mittelalter wurden mächtige Hunde als Jagdhunde für die Sauhatz gebraucht. Eine alte deutsche Bezeichnung ist deshalb auch »Saupacker« gewesen, während man sie in England »Boarhound« nannte. Für diesen Hund kursiert auch ein anderer Name, nämlich Dänische Dogge. Mit Dänemark hat die Deutsche Dogge nun gar nichts zu tun, weshalb 1876 denn auch auf diese Bezeichnung verzichtet wurde. Bei einem Hund mit diesem Ristmaß (72 bis 80 cm), ist das Wesen von eminenter Wichtigkeit. Die Deutsche Dogge ist ein echter Familienhund, fällt nicht unangenehm auf, da sie anpassungsfähig und trotz ihrer imposanten Größe elegant ist. Mut, gepaart mit liebenswürdiger Anhänglichkeit und einem feinsinnigen Begriffsvermögen sind weitere Attribute dieses Hundes, dazu ist sie hochintelligent und gut zu führen. Werden Doggen nicht provoziert, zeigen sie keinerlei Anzeichen von Aggressivität. Komfort lieben sie über alles: So macht es sich der »Familienhund« in Vaters liebstem Sessel gerne bequem. Die Aufzucht von Doggen erfordert

Deutsche Dogge: Deutschland

Eigenschaften:

- Wach- und Schutztrieb: 🐾🐾🐾🐾
- Lauf- und Bewegungsbedürfnis: 🐾🐾🐾
- Tendenz zum Jagen und Hetzen: 🐾🐾
- Menschenfreundlich: 🐾🐾🐾
- Familientauglich und gesellschaftsverträglich: 🐾🐾🐾
- Erziehbarkeit: 🐾🐾
- Eignung für Senioren: nein

Arbeitsanlagen:

- Sportbegeistert, Obedience
- Begleithundprüfungen
- Begleiter

große Kenntnis, denn die Welpen wachsen schnell, das Augenmerk gilt der Knochenentwicklung, eine sorgfältige Ernährung ist daher wichtig. Die ausgewachsene Dogge ist pflegeleicht. Das kurze, dichte Glatthaar, das in den Farben Gelb, Blau, Schwarz, Schwarz/Weiß gefleckt und gestromt vorkommt, muss regelmäßig gebürstet werden. Leider teilen Doggen mit anderen Riesenrassen das Schicksal einer nicht sehr hohen Lebenserwartung. Wichtig für die Gesundheit einer Dogge sind die Eingliederung in die Familie und dem Alter entsprechende Bewegung und Ernährung.

Rassegeschichte

Doggen gehören zu den ersten Rassen, die zuchtbuchmäßig erfasst worden sind. Dass es eine sehr alte Rasse ist, beweisen Reliefs aus der Zeit der Assyrer, der alten Griechen und schließlich auch der Römer. Selbst in der Schweiz hat man bei Ausgrabungen einer römischen Siedlung Schädelbruchstücke gefunden. Es ist gut möglich, dass es sich um Molosser handelte, welche die Römer in diese Gegend brachten. Ähnliche Hunde sollen dann aber im 16. Jahrhundert von England und Irland auf den Kontinent gekommen seien, was eventuell die Aufschlüsselung des Namens ergibt: Der englische Name Dog (engl. Hund) wurde zu Dogge. Der Herzog Heinrich Julius von Braunschweig hielt im Jahre 1592 sechshundert Rüden. Diese Hunde mussten die Sau stellen und packen, dabei waren Ausdauer und Kraft gefragt. Zusätzlich mussten sie die ganze Jagdgesellschaft und den Hof beschützen.

Rottweiler

Anlagen und Bedürfnisse

Traditionsgemäß ist der schwarz und rotbraune Rottweiler früher als Begleiter von Metzgern und Scharfrichtern gehalten worden, was weiter nicht verwundert, denn offenbar brauchten gerade diese Leute einen wirkungsvollen Schutz. Vor allem aber war dieser Hund seit der Römerzeit ein vielseitiger Helfer der Bauern und Viehzüchter. Neben der Bewachung des Hofes, hatte er auch die Herde zu beschützen oder einzelne Tiere auf den Markt zu treiben.

Vor diesem Hintergrund ist es klar, dass der »Rotti«, wie ihn die Liebhaber zu nennen pflegen, ein Arbeitshund ist, der eine Aufgabe braucht, um gesund zu bleiben. Egal welcher Art, ob als Rettungs-, Herdenschutz- oder als Therapiehund, er muss vernünftig beschäftigt werden, mit fairer konsequenter Hand. Der Rottweiler ist ein wachsamer, nervenstarker, ruhiger und umgänglicher Hund und von Natur aus friedliebend. Er gilt als besonders verlässlich, weshalb er gerne als Schutzhund von Polizei und Militär ausgebildet wird. Auch im Zollwesen oder für Bewachungsaufgaben eignet er sich gut. Großes Gewicht wird auf den Wesenstest gelegt, wobei das Zusammenleben von Mensch und Rottweiler eingehend überprüft wird. Nur Hunde

mit bestandenem Test sind zur Zucht zugelassen. Der Rottweiler hat pflegeleichtes Stockhaar in den Farben Rotbraun und Schwarz.
Widerristhöhe: 60 bis 66 cm.

Rassegeschichte

Seinen Namen erhielt er von einer kleinen Stadt in Süddeutschland, Rottweil, die von den Römern gegründet worden sein soll. Ausgrabungen bewiesen jedoch, dass dort bereits keltische Stämme sesshaft waren, Ackerbau und Viehzucht betrieben und Hunde hielten, die dem Typ des Rottweilers entsprachen. Nachdem gegen Ende des 19. Jahrhunderts das Treiben der Herden mit Hunden verboten wurde, soll es in Rottweil Anfang des 20. Jahrhunderts kaum noch Metzgerhunde gegeben haben und um die Jahrhundertwende lebte angeblich nur noch eine einzige Hündin. Das rief Liebhaber dieser selten gewordenen Rasse auf den Plan, sie gründeten 1907 den ersten deutschen Rottweiler Club. Damit war dem Untergang der Rasse Einhalt geboten!

Rottweiler: Deutschland

Eigenschaften:

- Wach- und Schutztrieb: 🐾 🐾 🐾 🐾 🐾
- Lauf- und Bewegungsbedürfnis: 🐾 🐾 🐾
- Tendenz zum Jagen und Hetzen: 🐾 🐾 🐾
- Menschenfreundlich: 🐾 🐾
- Familientauglich und gesellschaftsverträglich: 🐾 🐾
- Erziehbarkeit: 🐾 🐾 🐾 🐾
- Eignung für Senioren: nein

Arbeitsanlagen:

- Diensthund
- Sportbegeistert: in allen Hundesportarten
- Begleiter

Steckbrief

Deutscher Boxer

Anlagen und Bedürfnisse

Der ursprüngliche Name dieser Rasse war Bullenbeißer, was eigentlich nichts Gutes ahnen lässt. In Wirklichkeit wird dieser Rasse große Liebenswürdigkeit und Zuverlässigkeit attestiert. Der »Menschenhund«, wie der Boxer mitunter genannt wird, ist in Deutschland und den umliegenden Ländern beliebt und verbreitet. Er wird als anhänglicher Familienhund geschätzt, denn er ist mit Kindern tolerant und geduldig. Wächst er mit ihnen auf, ist er bereit, jedes nur erdenkliche Spiel mitzumachen. Der Boxer ist bekannt dafür, dass er mit seinen Menschen intensiv kommuniziert, er soll über eine eigene Mimik verfügen, kein anderer Hund könne so herablassend schauen, wenn ihm etwas nicht passt, keiner so fröhlich die Lefzen hochziehen, als würde er lachen ... Überschäumend ist sein Temperament im Freien, im Hause weiß er sich zu benehmen. Er ist ein unbestechlicher Wächter, der nur dann Laut gibt, wenn es notwendig ist. Mit einem Boxer muss gearbeitet werden, mit aktiven Menschen ist er in vielen Sparten des Hundesports, sei es als Fährtenhund oder im Rettungsdienst fast unübertroffen.

Das Haarkleid ist kurz, glänzend und dicht in den Farben Gelb (von Hellgelb bis Hirschrot) oder gestromt, schwarze Maske, zum Teil mit weißen Flecken.
Widerristhöhe: 53 bis 63 cm.

Deutscher Boxer: Deutschland

Eigenschaften:

- Wach- und Schutztrieb: 🐾🐾🐾🐾
- Lauf- und Bewegungsbedürfnis: 🐾🐾🐾🐾
- Tendenz zum Jagen und Hetzen: 🐾🐾
- Menschenfreundlich: 🐾🐾🐾🐾
- Familientauglich: 🐾🐾🐾🐾
- Gesellschaftsverträglich: 🐾🐾🐾
- Erziehbarkeit: 🐾🐾🐾🐾
- Eignung für Senioren: 🐾🐾

Arbeitsanlagen:

- Helfer des Menschen
- Sportbegeistert: Fährtenarbeit, Rettungshund
- Begleiter

Rassegeschichte

Der »Bullenbeißer« wurde im 18. Jahrhundert vom Adel als Sau- und Bärenpacker gebraucht. Es wird in der Literatur beschrieben, dass er auch für Tierkämpfe und als Bullenbeißer missbraucht wurde. Er galt aber ebenso als zuverlässiger Schutz- und Wachhund. Der direkte Vorfahre des Boxers ist die Englische Bulldogge, es könnten noch andere doggenartige Rassen an seiner Entstehung beteiligt gewesen sein. Die moderne Geschichte des Boxers kann präzise bis 1895 zurückverfolgt werden, als ein erster Standard erstellt wurde. Die anfänglichen Verpaarungen wurden genau dokumentiert und so kann bis heute die Blutlinie eines jeden Boxers zurückverfolgt werden. Wie der Name Boxer entstanden ist, muss ein Rätsel bleiben.

Mastiff

Anlagen und Bedürfnisse

Vermutlich haben alle Molosser dieselben Wurzeln. Mit der Völkerwanderung sind sie in viele Teile der Welt gebracht worden, wo sie in den einzelnen Gebieten nach Tradition und Gebrauch weiterentwickelt wurden. In ihrem Wesen sind sie daher unterschiedlich.

Die kurzhaarige **Bordeaux-Dogge** kommt in der Farbe Rot bis Falb vor, der **Mastiff** in den Farben Apricot, Silber, Rehbraun, Rehbraun gescheckt. Beide Tiere sind nicht besonders ausdauernde Läufer, benötigen aber ihren täglichen Spaziergang. Es sind einerseits sensible Tiere, die in der Regel jedoch gutmütig und tolerant sind, andererseits haben sie ein starkes Nervenkostüm und sind nicht so leicht aus der Fassung zu bringen.

Der **Mastino Napoletano** ist schwarz und grau mit kleinen weißen Flecken, der Cane Corso aus Italien hat die Farben Schwarz, Dunkelgrau, Schiefergrau. Sie sind typische Molosser alten Typs, misstrauisch gegenüber Fremden, deshalb gute Wächter.

Mastino Napoletano

Bordeaux Dogge: Frankreich
Mastiff: Großbritannien
Mastino Napoletano: Italien
Cane Corso Italiano: Italien
Dogo Argentino: Argentinien
Tosa: Japan

Eigenschaften:

- Wach- und Schutztrieb: 🐾🐾🐾🐾🐾
- Lauf- und Bewegungsbedürfnis: 🐾🐾
- Menschenfreundlich: 🐾🐾
- Einzelgänger: 🐾🐾🐾
- Familientauglich: 🐾🐾
- Gesellschaftsverträglich: 0 bis 🐾
- Erziehbarkeit: 🐾🐾🐾
- Eignung für Senioren: nein

Arbeitsanlagen:

- Begleithund, Fährten, Obedience

Der **Cane Corso** lebt noch heute meist im Innenhof (Cohors lat. Hofraum) und bewacht das Gut. Der **Dogo Argentino** ist der Nationalhund Argentiniens. Er ist ein etwas leichterer Typ, den man für die Jagd auf Raubkatzen und Wildschweine gezüchtet hat. Er ist verteidigungswillig, ein guter Beschützer, mitunter rauflustig.
Der **Tosa** ist japanischen Ursprungs und wurde als ausdauernder Hund für Hundekämpfe gezüchtet. Nachdem die Regierung in England 1991 ein »Dangerous Dogs Act« erließ, wurde dieser Hund in England verboten. Er kommt außerhalb Japans selten vor.

Diese Rassen brauchen zwingend eine fundierte Erziehung und Beschäftigung, die Clubs raten jedoch von einer Ausbildung als Schutzhunde ab. Bei der Anschaffung eines Molosser muss auf den seriösen Züchter geachtet werden.

Dogo Argentino

Cane Corso Italiano

Rassegeschichte

Wie bei allen sehr alten Rassen streiten sich die Autoren über die genaue Herkunft. Wo die einen die einzelnen Rassen als Abkömmlinge der alten Tibetdoggen sehen, die über den vorderen Orient nach Assyrien und dann auf unseren Kontinent eingewandert sind, vertreten andere Kynologen die Ansicht, Molosser seien in Europa entstanden. Die Römer sollen auf ihren kriegerischen Feldzügen molosserartige Hunde mitgeführt haben, wie dies auch der Schriftsteller Varrone 100 v. Chr. erwähnt. Die Abgrenzung – Hütehunde, doggenartige Hunde und Kampfhunde – ist fließend. Meistens wurden Doggen, Mastiff, Bullterrier und Pointer eingezüchtet. Denn in jenen Gebieten, in denen der Mensch sich gegen Raubtiere wie Wolf und Bär schützen musste, kamen stets die entsprechenden Hunde vor, die dann auch für Kämpfe gegen Mensch und Hund missbraucht wurden.

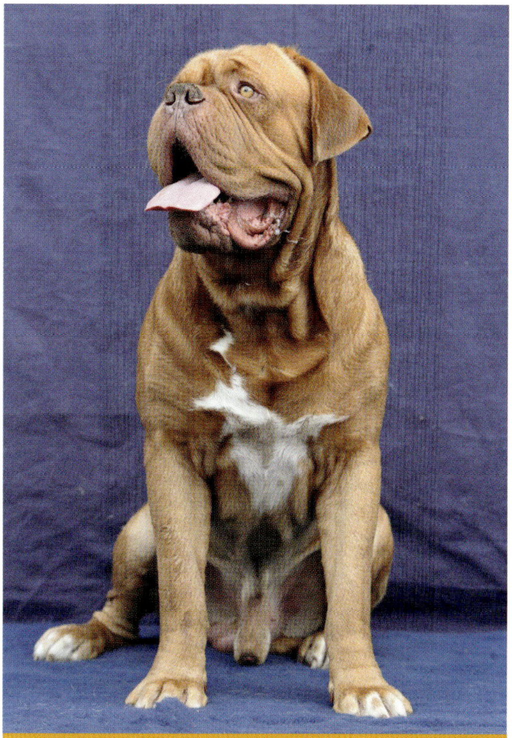

Bordeaux Dogge

Tosa

Neufundländer

Anlagen und Bedürfnisse

Ein bedeutendes Merkmal beim Neufundländer ist der vom Standard geforderte Charakter: gutmütig und freundlich. Er kennt keine Aggression und Schärfe, darum ist er als Wächter ungeeignet. Auch hält er keine Respektdistanz zu fremden Menschen ein, sondern begrüßt jeden überschwänglich. Vor allem Junghunde sind hier Spezialisten. Wer auf dem Übungsplatz glänzen will, sollte sich keinen Neufundländer anschaffen. Seine Stärke liegt in seinem Wesen, das ihn zum idealen Familienhund macht. Schon im Viktorianischen Zeitalter wurde dieser Hund als gutmütiger Kinderfreund im großbürgerlichen Haushalt gehalten, da er sich als Spielkamerad der Kinder hervortat, was im Bildnis von Renoirs »Madame Charpentiers und ihre Kinder« deutlich zum Ausdruck gebracht wird. Ein Neufundländer muss Familienanschluss haben, er gehört zu den Menschen ins Haus. Wie jeder langhaarige Hund bringt er Schmutz und Haare in die Wohnung, zudem lieben Neufundländer das Wasser und sind gute Schwimmer, was zusätzlich noch triefende Hunde im Wohnzimmer bedeuten kann. Das dichte Haarkleid mit reichlich Unterwolle muss gewissenhaft gepflegt werden. Er kommt in den Farben

Neufundländer: Kanada

Eigenschaften:

- Wach- und Schutztrieb:
- Lauf- und Bewegungsbedürfnis:
- Menschenfreundlich:
- Familientauglich und gesellschaftsverträglich:
- Erziehbarkeit:
- Eignung für Senioren:

Arbeitsanlagen:

- Helfer des Menschen: Wasserrettungshunde, Begleiter

Rabenschwarz, Braun oder Weiß mit schwarzen Abzeichen vor.
Widerristhöhe: 66 bis 71 cm.

Rassegeschichte

Es wird vermutet, dass sich die einheimischen Hunde auf Neufundland mit Hunden vom Mastifftyp von europäischen Siedlern und Fischern vermischt haben. Es entstand somit ein kräftiger, mittelgroßer Hund, der dem rauen Klima standhielt, dem Fischer beim Einbringen der Netze und als guter Schwimmer behilflich war, der aber auch schwere Lasten in unwirtlichem Gebiet zu ziehen vermochte. Naturwissenschaftlich erfasst wird der Neufundländer erstmals 1779 in »Geschichte der Erde und der belebten Natur« von Oliver Goldsmith. In dieser Rassebeschreibung wird erstmals das Märchen von den Schwimmhäuten erwähnt, das sich erstaunlicherweise bis heute gehalten hat.

Hovawart

Anlagen und Bedürfnisse

Der Name Hovawart stammt aus dem Mittelhochdeutschen: »Hova« bedeutet so viel wie »Hof«; und »wart« kann mit »der Wächter« umschrieben werden. Die typischen Merkmale sind seine Selbstsicherheit gegenüber Menschen und in der Regel auch gegenüber Artgenossen. Der »Hovi«, wie ihn Kenner liebevoll nennen, ist ein intelligenter und sensibler Hund, er reagiert auf Fehler in der Haltung oder der Erziehung. Er braucht deshalb einen Führer mit Durchsetzungsvermögen und Erfahrung. Wer sich einen Hovawart anschaffen will, sollte sich bewusst sein, dass der Hovawart ein anerkannter Dienst- und Gebrauchshund ist, der eine regelmäßige Beschäftigung braucht. Wer mit dem Hund hundesportlich arbeiten will, wird dessen Fähigkeiten als äußerst vielseitigen Hund schätzen. Der Hovawart hat ein langes, reichliches, regelmäßig zu pflegendes Haarkleid in den Farben Schwarzmarken (Schwarz mit Loh), Blond und Schwarz.
Widerristhöhe: 58 bis 63 cm.

Rassegeschichte

Der Hovawart ist eine relativ junge Züchtung, die Wurzeln liegen jedoch in grauer Vorzeit.
Als Anfang des 20. Jahrhunderts Kurt Friedrich König und sein Vater Bertram nach wachsamen, selbstsicheren und gutartigen Hunden suchten, stießen sie gelegentlich auf stämmige, lang- oder zotthaarige Tiere, die sie vorwiegend im Raume Harz und Odenwald vorfanden. Ihr Ziel war, aus diesen Restbeständen den Hovawart zu entwickeln. Sie kreuzten Neufundländer, Leonberger, Deutsche Schäferhunde und den Kuvaz mit ein, um einen Hund zu erhalten, der vom Äußeren her dem alten Schlag ähnlich war und vom Wesen her einen natürlichen Schutzinstinkt besaß.

Hovawart: Deutschland

Eigenschaften:

- Wach- und Schutztrieb: 🐾🐾🐾🐾
- Lauf- und Bewegungsbedürfnis: 🐾🐾🐾🐾
- Tendenz zum Streunen: 🐾🐾
- Tendenz zum Jagen und Hetzen: 🐾🐾🐾
- Menschenfreundlich: 🐾🐾🐾
- Familientauglich und gesellschaftsverträglich: 🐾🐾🐾
- Erziehbarkeit: 🐾🐾🐾
- Eignung für Senioren: 🐾

Arbeitsanlagen:

- Helfer des Menschen
- Sportbegeistert: Begleithund, Sanitätshund, Fährtenhund, Lawinenhund, Suchhund oder Katastrophenhund
- Diensthund

Pyrenäenberghund (Chien des Montagnes des Pyrénées)

Anlagen und Bedürfnisse

Der imposante Riese war ursprünglich ein zuverlässiger Wächter und Beschützer gegen Wolf und Bär in den abgelegenen Tälern der französischen Pyrenäen. Er ist einer der größten Berghunde, leider gibt es nur noch wenige Tiere in den Pyrenäen. Dafür wurde er zum begehrten Familienhund. Ob ihn diese »Aufgabe« tatsächlich erfüllt, mag bezweifelt werden. Er ist ein Wächter geblieben und verhält sich Fremden gegenüber zurückhaltend bis verteidigungswillig. In der Regel ist er ein ruhiger Hund, der seinen Meister gerne begleitet und mit ihm lange Wanderungen unternimmt. Die Pflege ist nicht aufwändig, sein dichtes, festes, doppeltes Haar muss aber regelmäßig tüchtig durchgekämmt werden. Er hat einen starken Fellwechsel, da er eigentlich für ein Leben im Freien konzipiert ist. Farben Weiß oder Weiß mit Flecken auf dem Kopf, den Ohren und dem Rutenansatz.
Widerristhöhe: 65 bis 80 cm.

Pyrenäenberghund: Frankreich

Eigenschaften:

- Wach- und Schutztrieb:
- Lauf- und Bewegungsbedürfnis:
- Menschenfreundlich:
- Familientauglich und gesellschaftsverträglich:
- Erziehbarkeit:
- Eignung für Senioren: nein

Arbeitsanlagen:

- Herdenschutzhund
- Begleiter

Rassegeschichte

Unzählige Autoren, Historiker und Kynologen haben sich mit dem Ursprung des Pyrenäenberghundes befasst. Während französische Kynologen der Ansicht waren, der »Patou« stamme von der Tibet-Dogge ab, äußern andere die Vermutung, dass diese Hunde mit den Kelten (ca. 400 v. Ch.) aus Kleinasien in die Pyrenäen, aber auch in andere Gebiete Europas gebracht wurden. Den Beweis dafür würde die große Ähnlichkeit zwischen dem Maremmano, dem Kuvasz, dem anatolischen und anderen Berghunden liefern. Die Franzosen waren schon immer verliebt in diesen Prachtskerl, weshalb im letzten Jahrhundert die Bergführer in den Tälern fleißig weiterzüchteten, um sie als Familienhunde feilzubieten.

Leonberger

Anlagen und Bedürfnisse

Ob Rüde oder Hündin, diese Rasse ist nicht nur mächtig, sondern auch schwer. Ein ungestümes, freudiges Hochspringen kann jedermann umwerfen. Mit Artgenossen sind Leonberger friedfertig, als Wachhunde zuverlässig: Ein Leonberger bellt nicht ohne Grund und hält mit seiner Stimme ungebetene Gäste fern. Wer diesen großen Hund gesund erhalten will, schenkt ihm Zeit und Zuwendung: etwa mit Hundesport, wo er sich für vieles eignet. Denn er bewegt sich gerne und ausdauernd. Nach entsprechender Ausbildung sind Leonberger übrigens gute Therapiehunde. Wie heißt doch der Leitspruch des Clubs? »Der Leonberger ist ein Seelentröster, er hat nicht nur ein goldenes Fell, sondern auch ein goldenes Herz!« Obwohl er als guter Familienhund gilt, soll er konsequent erzogen werden. Das Haarkleid muss regelmäßig durchgebürstet werden, es ist mittelrau, gerade oder wellig. Mähne an Hals und Brust. Farben: Löwenfarben, Goldgelb bis Rotbraun mit dunkler Maske.

Widerristhöhe: 70 bis 76 cm.

Rassegeschichte

Wie überall wurden auch im schwäbischen Leonberg Hunde für den täglichen Gebrauch gezüchtet. Sie mussten in der Regel groß und imposant sein, denn ihre Aufgabe war es, Eindruck zu erwecken. In der Kleinstadt Leonberg lebte im vorletzten Jahrhundert Heinrich Essig, Stadthalter und Hundehändler. Er war eine umstrittene Person, denn er verkaufte Hunderte von Hunden in aller Herren Länder und verdiente viel Geld damit. Gemäß der Überlieferungen schwebte Heinrich Essig ein Hund vor, der nach Möglichkeit dem Wappentier der Stadt, dem Löwen, ähnlich sehen sollte. So machte er sich ans Werk, kreuzte einen langhaarigen Bernhardiner mit einer Landseerhündin und setzte später den Großen Pyrenäenhund, aber auch einheimische Schläge, ein. Der Leonberger hielt Einzug in die oberste Gesellschaft: Der Komponist Richard Wagner, der einen Hang zum Pompösen hatte, hielt sich einen Leonberger, außerdem wurden Hunde an den Zarenhof, nach Frankreich und England geliefert. Silberweiße Hunde sollen Kaiserin Elisabeth von Österreich (»Sissi«) im Park begleitet haben.

Leonberger: Deutschland

Eigenschaften:

- Wach- und Schutztrieb: 🐾 🐾 🐾 🐾
- Lauf- und Bewegungsbedürfnis: 🐾 🐾
- Menschenfreundlich: 🐾 🐾 🐾
- Familientauglich und gesellschaftsverträglich: 🐾 🐾 🐾
- Erziehbarkeit: 🐾 🐾 🐾
- Eignung für Senioren: 🐾

Arbeitsanlagen:

- Helfer des Menschen: Therapiehund
- Sportbegeistert, Obedience, Wasserrettungsdienst

St. Bernhardshund (Bernhardiner)

Anlagen und Bedürfnisse

Bilder und Postkarten, die den Bernhardiner als legendären Rettungshund mit dem Holzfass am Hals darstellen, haben viel zu seinem Bekanntheitsgrad beigetragen. Dass er aber eigentlich als Hof- und Wachhund auf dem Hospiz des Großen St. Bernhards gehalten wurde, ist den wenigsten bekannt. Für diese Aufgaben musste ein Hund vertrauenswürdig, gutartig aber auch mutig sein.

Aggression gegen Mensch oder Tier entspricht nicht dem Charakter dieses großen Schweizers. Respekt schafft er sich schon durch sein mächtiges Erscheinungsbild. Er ist am glücklichsten, wenn er Menschen um sich hat, als Einzelhund muss ihm der Besitzer auch Partner sein, Vernachlässigung macht ihn krank und aggressiv. Bernhardiner brauchen Platz, sie sind deshalb nicht ideal für eine Stadtwohnung. Die Rasse kommt in den zwei Varietäten, kurz- oder langhaarig, vor. Die Farben sind Weiß mit rotbraunen Platten und dunkler Maske. Widerristhöhe: 65 bis 70 cm.

St. Bernhardshund: Schweiz

Eigenschaften:

- Wach- und Schutztrieb: 🐾🐾🐾🐾
- Lauf- und Bewegungsbedürfnis: 🐾
- Tendenz zum Streunen, Jagen und Hetzen: 🐾🐾
- Menschenfreundlich: 🐾🐾
- Familientauglich und gesellschaftsverträglich: 🐾🐾
- Erziehbarkeit: 🐾🐾🐾
- Eignung für Senioren: 🐾

Arbeitsanlagen:

- Helfer des Menschen, Begleiter

Rassegeschichte

Der große Sankt Bernhard Pass war seit der Römerzeit ein wichtiger Handels- und Pilgerweg. Römische Eroberer sollen Hunde in dieses Gebiet gebracht haben. Möglich ist, dass in die Rasse auch Neufundländer eingekreuzt worden waren. Ähnliche Rassetypen sind zu allen Zeiten und an verschiedenen Orten nachgewiesen worden. Ob es sich tatsächlich um Neufundländer oder Leonberger gehandelt hat, ist ungewiss. Auch langhaarige Walliser Hirtenhunde, die sich in vielen Wallisertälern aufhielten, kommen in Frage.

Um 1050 errichtete der Heilige Bernhard von Menthon das Hospiz als Unterkunft für Reisende, die sich dort vor Räuberbanden in Sicherheit wiegen konnten. Auf diesem Pass inmitten einer unwirtlichen, stürmischen Landschaft soll eines Nachts ein kleiner Junge verzweifelt im Schnee gelegen haben, er hatte sich im nebligen Gebiet und im Schneegestöber verirrt. Es heißt, ein massiger, großer Hund soll den Kleinen gerettet haben, indem er ihn auf dem Rücken zum Hospiz trug. Diese Anekdote, ob wahr oder nicht, hat wesentlich zum Ruhme des wohl bekanntesten aller Schweizer Hunde beigetragen. Der berühmte »Barry«, den man heute als Präparat im naturhistorischen Museum in Bern bewundern kann, soll weiteren 40 Menschen das Leben gerettet haben. Im 18. Jahrhundert wurden die Bernhardiner regelmäßig eingesetzt, um Reisenden den Weg durch den Schnee zu bahnen. Die Hunde liefen voraus und »pflügten« gewissermaßen mit ihrer breiten Brust den Weg frei. Jedenfalls soll die Zahl der erfrorenen Reisenden dank der Hunde wesentlich verringert worden sein. Die Hunde fanden mit ihrem Orientierungssinn auch bei Nacht und Nebel zum Hospiz zurück.

Appenzeller Sennenhund

Anlagen und Bedürfnisse

In vielen Schweizer Dörfern bewacht der dreifarbige **Große Schweizer Sennenhund** zuverlässig Haus und Garten, die markante Stimme und die imposante Gestalt machen jedem Besucher Eindruck. Seine Familie begrüßt er jedoch mit freudigem Bellen. Gutmütigkeit, Nervenstärke und Sicherheit zeichnen die Großen Schweizer Sennenhunde aus. Es sind Hunde, die am Familienleben teilnehmen wollen. Auf Wanderungen ist dieser Hund ausdauernd und unkompliziert, bei Begegnungen mit Artgenossen friedfertig. Aufgrund seiner Größe und seines Arbeitswillens ist er eher zu einem Leben auf dem Land als in der Stadt geeignet. Mit ihm zu arbeiten, braucht Kraft und Autorität. Er ist ein guter Partner für verschiedene Disziplinen im Hundesport.

Im bekannten Werk »Tierleben der Alpenwelt« wird erstmals ein **Appenzeller Sennenhund** als ein »hell bellender, kurzhaariger, mittelgroßer Sennenhund beschrieben, der in regelmäßigem, spitzartigem Schlag, teils zur Hut, teils zum Zusammentreiben der Herde vorzufinden ist.« Der dreifarbige, mittelgroße Hund ist temperamentvoll, selbstsicher, furchtlos und neigt zum Streunen. Fremden gegenüber ist er eher misstrauisch, was ihm gelegentlich einen schlechten Ruf eingetragen hat. Aus dem Hund mit dem pfiffigen Gesichtsausdruck kann mit Sport und Spiel ein beeindruckender Partner geformt werden. Bisweilen werden Appenzeller Sennenhunde als Blindenführhunde ausgebildet.

Der **Entlebucher Sennenhund** ist der kleinste der vier Schweizer. Er stammt aus dem Entlebuch, einem Tal im Gebiet der Kantone Luzern und Bern. Dieser Hund, von leicht gestrecktem Format, ist ebenfalls dreifarbig wie alle Schweizer Sennenhunde und wie der Appenzeller beweglich und flink. Im Gegensatz zu seinem Kumpel aus der Ostschweiz hat der Innerschweizer aber einen weniger ernsten Gesichtsausdruck. Auch er ist ein Treib-, Hof- und Wachhund und eignet sich deshalb gut für den Hundesport.
Sowohl der Entlebucher wie auch der Appenzeller sind leider selten geworden.
Alle drei Rassen haben ein pflegeleichtes, stockhaariges Fell in den Farben Schwarzweiß mit Loh.
Widerristhöhe:
Große Schweizer Sennenhund: 55 bis 62 cm.
Appenzeller: 50 bis 56 cm.
Entlebucher: 42 bis 50 cm.

Appenzeller Sennenhund: Schweiz
Entlebucher Sennenhund: Schweiz
Großer Schweizer Sennenhund: Schweiz

Eigenschaften:

- Wach- und Schutztrieb:
- Lauf- und Bewegungsbedürfnis:
- Tendenz zum Streunen, Jagen und Hetzen:
- Menschenfreundlich:
- Familientauglich
- Erziehbarkeit:
- Eignung für Senioren:

Arbeitsanlagen:

- Sportbegeistert für alle Hundesportarten
- Begleiter

Besonderheiten:

- Mischlinge aus diesen drei Rassen sind sehr verbreitet.

Rassengeschichte

Als Caesars Legionen in die Schweiz eindrangen und den St. Bernhard Pass überquerten, wurden sie von ihren Hunden begleitet. Caesars Armee hatte typische molosserartige Hunde, welche die Truppenlager zu schützen hatten und die mitgeführten Herden trieben. Die vier Schweizer Sennenhunderassen – der Berner Sennenhund gehört auch dazu – gehen auf diese Hunde zurück.

Entlebucher Sennenhund

Großer Schweizer Sennenhund

Berner Sennenhund

Anlage und Bedürfnisse

Ursprünglich war dieser gemütliche Hund ein zurückhaltender Bauernhund, der es verstand, Haus und Hof gut zu bewachen. Zu seinen Aufgaben gehörte es auch, das Vieh zu treiben und Karren zu ziehen. Heute wird in der Zucht großer Wert auf ein freundliches und anpassungsfähiges Wesen gelegt. Der Berner Sennenhund ist seinen Menschen zugetan und niemals aggressiv, vorausgesetzt, er genießt eine liebevolle und konsequente Erziehung. Wichtig ist zu wissen: Manche Rüden können Artgenossen gegenüber etwas dominant auftreten. Hündinnen sagt man nach, dass sie sich auch für ältere Menschen eignen, natürlich nur, wenn ihnen auch genügend Beschäftigung zukommt. Warmes und feuchtes Klima behagt diesem Sennenhund nicht sonderlich, an heißen Tagen sucht er sich einen schattigen Liegeplatz. Er braucht regelmäßige Bewegung und die Möglichkeit, Sozialkontakte mit Artgenossen zu pflegen. Der Berner Sennen-

Berner Sennenhund: Schweiz

Eigenschaften:

- Wach- und Schutztrieb: 🐾🐾🐾🐾
- Lauf- und Bewegungsbedürfnis: 🐾🐾
- Tendenz zum Jagen und Hetzen:
- Gesellschaftstauglich und Menschenfreundlich: 🐾🐾🐾🐾🐾
- Familientauglich und gesellschaftsverträglich: 🐾🐾🐾🐾
- Erziehbarkeit: 🐾🐾🐾🐾
- Eignung für Senioren: 🐾🐾🐾

Arbeitsanlagen:

- Helfer des Menschen, Therapiehund
- Sportbegeistert: Obedience

hund gehört zwar nicht zu den ausgesprochen lauffreudigen Rassen, er ist dafür aber gelehrig und fröhlich. Sofern mit Maß ausgeführt, lässt er sich für diverse Hundesportarten begeistern.
Sein Haarkleid ist lang und leicht gewellt und muss regelmäßig gepflegt werden. Es kommt in den Farben Schwarz mit braunrotem Brand und weißen Abzeichen vor.
Widerristhöhe: 60 bis 66 cm.

Rassegeschichte

Die Heimat des Berner Sennenhundes sind die Täler in der Umgebung von Bern. Zu seinem ursprünglichen Namen »Dürrbächler« kam er durch den Weiler und das Gasthaus »Dürrbach«. Anfang des letzten Jahrhunderts drohte der Berner Sennenhund auszusterben – wären da nicht Albert Heim und Franz Schertenleib gewesen, die sich um die Erhaltung dieses imposanten, ursprünglich bei den römischen Legionen entstandenen Bauernhundes bemühten. Heute zählt der Berner Sennenhund zu den Spitzenreitern in der Popularitätsskala der Hunderassen weltweit.

Schwarzer Terrier

Schwarzer Terrier: Russland

Eigenschaften:

- Wach- und Schutztrieb: 🐾🐾🐾🐾🐾
- Lauf- und Bewegungsbedürfnis: 🐾🐾🐾🐾
- Tendenz zum Streunen: 🐾🐾
- Menschenfreundlich: 🐾🐾
- Familientauglich und gesellschaftsverträglich: 🐾🐾
- Erziehbarkeit: 🐾🐾🐾
- Eignung für Senioren: nein

Arbeitsanlagen:

- Sportbegeistert: alle Hundesportarten
- Begleiter

Anlagen und Bedürfnisse

Der Schwarze Terrier ist eine der jüngsten Rassen, die im letzten Jahrhundert als scharfer Bewacher der russischen Gulags (Straflager) gezüchtet wurden. Heute hat sich der »Tchiorny Terrier« – wie er auf Russisch heißt – als arbeitsfreudiger Sport- und Familienhund etabliert. Die Vielseitigkeit hat er bis zum heutigen Tag bewahrt. Fremden gegenüber ist er reserviert und bewacht sein Anwesen gut. Der Schwarze Terrier ist ein gelehriger und sensibler Hund, der eine konsequente Erziehung ohne Grobheiten fordert. Er ist robust und anpassungsfähig und sollte nicht aggressiv sein. Sein wetterfestes Rauhaar besteht aus schwarzen Haaren (oder schwarzen mit einzelnen grauen).
Widerristhöhe: 66 bis 72 cm.

Rassegeschichte

Noch zu Stalins Zeiten suchte man in der Sowjetunion nach einem scharfen Hund zur Bewachung der militärischen Anlagen. Da aber während der Russischen Revolution 1917 sämtliche Rassehunde umgebracht wurden und die qualifizierten Kynologen längst verstorben waren, gab es keine Zwinger mit entsprechenden Tieren mehr, auch keine Züchter mit genetischen Kenntnissen. Erst in der 1924 gegründeten Armeeschule »Der Rote Stern« gab es wieder einige gut ausgebildete Kynologen. Diese wurden beauftragt, eine Rasse zu züchten, die groß, robust, den verschiedenen klimatischen und topographischen Verhältnissen angepasst, temperamentvoll und willig war. Der »Tchiorny Terrier« war aber noch zu scharf für normale Besitzer, so wurde ein verändertes Zuchtprogramm gewählt: man paarte vor allem besonders intelligente, lernfähige und anhängliche Hunde. Nach dem Zweiten Weltkrieg brachten Soldaten als Beutegut Riesenschnauzer, Deutsche Doggen und Rottweiler nach Russland zurück, die vermutlich die Ausgangsrassen für den heutigen Schwarzen Terrier bildeten.

Shar Pei

Anlagen und Bedürfnisse

Der **Shar Pei** ist eine uralte chinesische Rasse, die ursprünglich als Kampfhund gezüchtet wurde. Wegen des locker sitzenden Haarkleides und wegen der kleinen Ohren und tief eingesetzten Augen war dieser Hund für den Gegner schwer zu fassen und kaum zu verletzen. Heutige Züchter haben eine bemerkenswerte Leistung vollbracht, indem der Shar Pei nun ein ausgewogenes Wesen zeigt, fröhlich und temperamentvoll ist. Es wird auch einiges dafür getan, dass extreme, gesundheitsschädigende Merkmale weitgehend eingedämmt werden. Das Haarkleid ist rau und abstehend und außer Weiß in allen Farben vorkommend.
Widerristhöhe: 45 bis 50 cm.

Rassegeschichte

Neben ihrer Aufgabe als Kampfhunde wurden sie auch für die Jagd auf Wildschweine gebraucht. Nach der chinesischen Revolution 1912, als praktisch alle Hunde ausgerottet waren, gab es keine Shar Peis mehr in China. In der Zwischenzeit wurde dieser Hund aber in den USA im großen Stil vermarktet und horrende Preise für Welpen bezahlt. Diese Auswüchse gehen naturgemäß auf Kosten der Rasse, denn die Faltenbildung ist für die Hunde oft mit qualvollen Hauterkrankungen und Infektionen verbunden.

Der **Do Khyi** wird auch Tibetischer Mastiff oder Tibetische Dogge genannt, er ist aber weniger schwer

Do Khyi

Do Khyi: Tibet
Shar Pei: China

Eigenschaften:

- Wach- und Schutztrieb: 🐾🐾🐾🐾
- Lauf- und Bewegungsbedürfnis: 🐾🐾🐾
- Tendenz zum Streunen, Jagen und Hetzen: 🐾🐾🐾
- Menschenfreundlich: 🐾🐾
- Einzelgänger: 🐾🐾🐾🐾
- Familientauglich 🐾🐾🐾🐾🐾
- Gesellschaftsverträglich: 🐾
- Eignung für Senioren: nein

Arbeitsanlagen:

- Sportbegeistert Obedience
- Begleiter

und massig. Er macht den Eindruck eines kraftvollen Hundes für die Berge. Fremden gegenüber ist er ablehnend, seine Familie hingegen liebt er über alles und deren Haus beschützt er zuverlässig. Er war im Tibet der Bewacher der Herde und deshalb an selbständiges Arbeiten in den Bergen gewöhnt. Fremden gegenüber ist er abweisend und generell nicht einfach zu halten. Kein Hund für Anfänger!
Sein Haarkleid ist von mittlerer Länge mit dichter Unterwolle. Rüden haben um den Hals eine Mähne. Farben: Schwarz, Braun, Blaugrau, mit oder ohne lohfarbene Markierungen, auch Gelbgold bis Rotgolden.
Widerristhöhe: mindestens 61 bis 66 cm.

Rassegeschichte

Die Tibet Dogge oder der **Do Khyi** gehört gemäß kynologischen Historikern zu den ältesten Hunderassen, die ihren ausgeprägten Typ über Jahrhunderte erhalten haben. In der modernen Zeit war diese Rasse lange unbekannt, erst in den 70er-Jahren wurden einzelne Exemplare nach Europa gebracht. Der Do Khyi soll die Ausgangsrasse vieler Mastiffs und Berghunde sein. In sehr alten chinesischen Dokumenten und Malereien werden diese tibetischen Hunde beschrieben und dargestellt.
Die Tibeter unterschieden stets sehr klar: Sie hielten Hunde für die Arbeit an der Herde und Hunde für mystische Zwecke in den Klöstern.

Englische Bulldogge: Großbritannien

Eigenschaften:

- Wach- und Schutztrieb: 🐾🐾
- Lauf- und Bewegungsbedürfnis: 🐾
- Menschenfreundlich: 🐾🐾🐾🐾
- Einzelgänger: 🐾🐾🐾🐾🐾
- Familientauglich: 🐾🐾🐾🐾🐾
- Gesellschaftsverträglich: 🐾
- Erziehbarkeit: 🐾🐾🐾
- Eignung für Senioren: 🐾🐾

Arbeitsanlagen:

- Begleiter

Englische Bulldogge

Anlagen und Bedürfnisse

Sein Ausdruck ist etwas mürrisch, er hat deshalb oft für typische englische Karikaturen hinhalten müssen.
Vernünftige Züchter streben einen fröhlichen, freundlichen Familienhund an, kräftig, drahtig und ohne Übergewicht. Sein stoischer Gleichmut und sein anhängliches Wesen haben ihn zu einem beliebten Begleiter gemacht. Die gesundheitlichen Probleme sind nicht so gravierend wie allgemein angenommen wird, aber ein Problem ist die Hitzeempfindlichkeit: wie bei allen kurzköpfigen Hunden kann Feuchtigkeit die Atmung einschränken. Deshalb sollte dieser Hund bei großer Hitze geschont werden.

Das feine, kurze Haarkleid in allen Farben, außer Schwarz und Schwarz lohfarbig, ist pflegeleicht.
Widerristhöhe: ca. 40 cm.

Rassegeschichte

In alten kynologischen Schriften aus Jahrhunderten ist der »Bulldog« bekannt. Der ursprüngliche Name war »Bandog«, weil er tagsüber an starken Bändern angebunden war. Er wurde als abschreckender Wachhund gehalten oder auch vom Metzger, wo ihm die Aufgabe zustand, das Schlachttier in Schach zu halten. Die Anatomie dieses Hundes musste dem Bullenbeißen, das im 17. und 18. Jahrhundert üblich war, entsprechen: Der festgebundene Bulle wurde vom Hund in die Nase gebissen, bis das große Tier zu Boden ging. Ein fragwürdiges »Schauspiel«, das später verboten wurde. Die Kurzköpfigkeit der Bulldogs erlaubte es ihm, zuzubeißen, ohne selbst zu ersticken, denn die Nase lag weit zurück. An seinem Hals-, Nacken- und Kieferbereich kann man die Beißkraft dieser Tiere gut erkennen. Die abscheulichste Aufgabe war diejenige der Tierkämpfe, auf deren Ausgang hohe Wetten abgeschlossen wurden. 1778 wurde das Bullenbeißen vom Duke of Devonshire verboten.

Bullmastiff

Bullmastiff: Großbritannien

Eigenschaften:

- Wach- und Schutztrieb: 🐾🐾🐾🐾🐾
- Lauf- und Bewegungsbedürfnis: 🐾🐾🐾
- Tendenz zum Streunen, Jagen und Hetzen: 🐾🐾
- Menschenfreundlich: 🐾🐾🐾
- Einzelgänger: 🐾🐾🐾🐾
- Familientauglich und gesellschaftsverträglich: 🐾
- Erziehbarkeit: 🐾🐾🐾
- Eignung für Senioren: nein

Arbeitsanlagen:

- Sportbegeistert Obedience, Fährten
- Begleiter

Anlagen und Bedürfnisse

Der Bullmastiff ist ein muskulöser und kraftvoller Hund, furchtlos und seinem Meister treu ergeben. Gezüchtet wurde er im letzten Jahrhundert als Begleiter des Wildhüters, er wird deshalb auch »Gamekeepers night dog« genannt. Seine angeborenen Charakterzüge haben ihn heute, wo der Wildschutz nicht mehr so relevant ist, zum soliden Haushund gemacht. Er ist sensibel, zuverlässig und sehr präsent. An der Seite eines verständnisvollen Meisters würde er die Welt erobern. Züchter raten davon ab, diesen Hund in privater Hand im Schutzhundbereich zu beschäftigen. Artgenossen gegenüber neigt er zu Dominanz, er ist deshalb nicht einfach zu halten. Das pflegeleichte Haarkleid ist kurz und dicht in folgenden Farben: Rehbraun, Rot und jegliche Schattierung von gestromt. Die Farbe muss makellos und klar sein. Nur ein kleines weißes Abzeichen an der Brust ist erlaubt. Ein schwarzer Fang zu den Augen hin aufhellend ist unabdingbar, dunkle Augenumrandungen verstärken den Ausdruck.
Widerristhöhe: 61 bis 68 cm.

Rassegeschichte

Der Bullmastiff ist eine relativ junge Züchtung, die erst 1924 anerkannt wurde. Auf den ausgedehnten Ländereien in England und Schottland waren die Wilddiebe ein großes Problem für den Wildbestand. Um diesen Frevlern das Handwerk zu legen, wurde ein Gesetz erlassen, das die Todesstrafe auf Wilderei festlegte. Des Wildhüters nächtlicher Begleiter musste demnach ein furchtloser und selbstsicherer Hund sein, der fast unbemerkt aus dem Dickicht hervorsprang, um den Dieb zu fassen, zu Boden zu werfen, fest zu halten, aber nicht zu verletzen.

Terrier

Terrier werden in hochläufige, niederläufige und bullartige Terrier eingeteilt. Zu Beginn unserer Zeitrechnung führte der Adel, der die Macht und das Land besaß, edle große Hunderassen auf der Jagd. Die kleinen struppigen »Köter« gehörten der Unterschicht und den Bauern. Diese Leute waren meistens auch Leibeigene und hatten die Aufgabe, Ställe und Speicher in Ordnung zu halten. Sie waren verantwortlich für die Pferde, das Vieh und die Ernte. Sie besaßen kleine, scharfe Hunde, die sich als äußerst mutige Rattenfänger erwiesen, es aber auch mit Fuchs und Dachs aufnahmen. Mit der Zeit interessierte sich auch der Adel für diese »Strupper« und begann ebenfalls solch clevere, scharfe Hunde zu züchten. Meistens hatten sie Vorlieben für bestimmte Eigenschaften oder Farben und benannten ihre Züchtungen nach dem Familiensitz oder der Gegend. So entstanden die lokalen Schläge. Der Name Terrier kommt vermutlich vom lateinischen Wort Terra: Da die meisten ihrer Beutetiere in Höhlen oder Felsspalten leben, krochen die kleinen Hunde furchtlos auch unter die Erde, und so wurde der Rattenfänger zum unentbehrlichen Jagdhelfer.
Bullartige Terrier wurden ursprünglich als Saupacker, Bären- und Bullenbeißer verwendet. Mit dem Zeitalter der Industrialisierung, wo die Arbeiter das idyllische Landleben mit trostlosen Wohnblöcken tauschten, wurden einige dieser Terrier-Rassen »umfunktioniert«: Sie dienten der Unterhaltung und hatten ihre Tüchtigkeit bei »Rattenvertilgungs-Wettbewerben« und Hundekämpfen unter Beweis zu stellen. Damit brachten sie ihren Besitzern gutes Geld ein. So begann auch das traurige Kapitel der Zucht von Hunden auf Aggressivität.

Airedale Terrier

Anlagen und Bedürfnisse

Der **Airedale Terrier** ist der größte aller Terrier und wird der »König der Terrier« genannt; wahrhaftig, seine imposante Erscheinung hat etwas königliches. Er ist ein begehrter Gebrauchs- und Diensthund in praktisch allen Sparten: sei es bei der Polizei, in der Armee, beim Zoll und im Hundesport. Sehr zuverlässig ist der Airedale als Blindenführhund, denn seine überlegte und ruhige Art und seine hohe Intelligenz prädestinieren ihn für diese schwierige Aufgabe. Mit diesen Charakterzügen eignet er sich auch als Familienhund, denn er ist zusätzlich robust, sportlich und unterordnungsfreudig. Sein wetterfestes, hartes, raues dichtes Haarkleid ist zwar pflegeleicht, muss aber regelmäßig getrimmt werden. Die Farben sind Rotbraun bis Braun (Tanfarben) mit schwarzem oder dunkelgrauem Sattel, der bis zum Hals reichen kann.
Widerristhöhe: 56 bis 61 cm.

Airedale Terrier: Großbritannien

Eigenschaften:

- Wach- und Schutztrieb: 🐾🐾🐾🐾
- Lauf- und Bewegungsbedürfnis: 🐾🐾🐾🐾
- Tendenz zum Jagen und Hetzen: 🐾🐾🐾
- Menschenfreundlich: 🐾🐾🐾🐾
- Familientauglich und gesellschaftsverträglich: 🐾🐾🐾
- Erziehbarkeit: 🐾🐾🐾🐾
- Eignung für Senioren: 🐾🐾

Arbeitsanlagen:

- Helfer des Menschen: Blindenführhund, Sanitäts- und Katastrophenhund
- Sportbegeistert, Begleiter
- Diensthund

Rassegeschichte

Seine Geschichte kann bis zur Mitte des 19. Jahrhundert zurückverfolgt werden, als ähnliche Hunde in Yorkshire in der Gegend um die Flüsse Aire und Wharfe gelebt haben. Textilarbeiter und Bergleute brauchten diesen vielseitigen Hund hauptsächlich für die Jagd auf Otter, Wasserratten und Marder, aber auch auf Wasservögel.
Seine außerordentlichen Fähigkeiten schrieb man der Einkreuzung des Otterhundes zu, er gilt aber auch als Erbe des Old English Terrier und des Bullterrier. Etliche Autoren sehen noch andere Rassen, die eingekreuzt wurden, die schließlich den Airedale zu dem machten, was er heute ist: Ein tadelloser Gebrauchshund. Große Berühmtheit erlangte dieser Terrier als Sanitäts- und Meldehund bei der Armee. Unzählige Verwundete verdankten während der Weltkriege ihr Leben diesen tüchtigen Airedales. Auf dem Kontinent wurde man ebenfalls auf diese Terrier aufmerksam, wo sie als Jagdhunde auf Sauen, Hasen oder Schalenwild eingesetzt wurden. Auch als Schweiß- und als Schutzhunde fanden sie Verwendung. Nach dem 2. Weltkrieg gewannen andere Gebrauchshunderassen an Aufmerksamkeit. Das Augenmerk wurde in der Zucht vermehrt auf »Freundlichkeit« gerichtet, so dass man heute sagen kann: der Airedale genügt sowohl als Familien- wie auch als Gebrauchshund höchsten Ansprüchen.

Parson Russell Terrier

Anlagen und Bedürfnisse

Mit seinem Charme und seiner handlichen Größe hat sich dieser Terrier als Familienhund weltweit etabliert. Spielzeug will er nicht sein und Kinder müssen lernen, mit ihm umzugehen. Spätestens wenn der Welpe im neuen Heim angekommen ist, wird klar, dass es sich um einen Terrier handelt: er ist unerschrocken, mutig, verspielt und lebhaft. Wer sich einen Russell Terrier anschaffen will, tut gut daran, die Rasse eingehend zu studieren. Als Jagdhund wird er hauptsächlich für die Baujagd gebraucht, bei der Draufgängertum und Schärfe gefragt sind. Beides Eigenschaften, die in einer Familie weniger gut ankommen. Er verlangt eine gute Erziehung, auch im Familienalltag, denn als Erdhund hat er so seine Eigenheiten: Löcher buddeln im Garten, nachrennen wenn Nachbars Katze vorbeiflitzt oder wenn er Wild wittert. Auslauf ist diesem munteren Burschen, der sich vom Reiter- und Jäger- zum Familienhund entwickelt hat, zu knapp, er will auch beschäftigt werden.
Seit 2004 haben zwei verschiedene Standards für den Russell Terrier Gültigkeit: der hochbeinigere, vormals **Parson Russell Terrier** genannt, wurde

Jack Russell Terrier

Jack Russell Terrier: Großbritannien
Parson Russell Terrier: Großbritannien

Eigenschaften:

- Wach- und Schutztrieb: 🐾🐾🐾🐾
- Lauf- und Bewegungsbedürfnis: 🐾🐾🐾🐾🐾
- Tendenz zum Jagen und Hetzen: 🐾🐾🐾🐾🐾
- Menschenfreundlich: 🐾🐾🐾
- Familientauglich und gesellschaftsverträglich: 🐾🐾🐾
- Erziehbarkeit: 🐾🐾🐾
- Eignung für Senioren: 🐾

Arbeitsanlagen:

- Sportbegeistert
- Begleiter

neu zum **Parson Russell Terrier** und zählt zu den hochläufigen Terriern. Der niedrig stehende wird **Jack Russell Terrier** genannt und ist bei den Niederläufern eingeteilt. Für diese Rasse hat Australien einen neuen Standard (Nr. 345) herausgegeben.
Das Haarkleid beider Rassen kann glatt-, rau- oder stichelhaarig sein und muss regelmäßig getrimmt werden. Die Farbe muss überwiegend Weiß sein mit schwarzen oder braunen Abzeichen.
Widerristhöhe:
Jack Russel Terrier: 25 bis 30 cm.
Parson Russell: Terrier 33 bis 36 cm.

England hat auf diese Trennung der Schläge verzichtet. Es scheint, als ob in der globalen Kynologie das letzte Wort noch nicht gesprochen ist.

Jack Russell Terrier

Rassegeschichte

John Russell (1795–1883) war ein Pfarrerssohn in England, ein verwegener Reiter und Jäger. Er liebte das lustige Leben und hatte viele Freunde in der gehobenen Gesellschaft. Eigentlich sollte er sich aber dem Studium der Theologie widmen, was ihm weniger behagte. So durchstreifte er die liebliche Landschaft. Seine ständigen Begleiter waren weiße kleine Fox-Terrier mit gelben Abzeichen. Nach seinem Abschluss in Oxford als Theologe wurde er Landpfarrer in einer kleinen Gemeinde. Er war allerorts bekannt, aber nicht der schönen Worte von der Kanzel, sondern seiner kleinen Hunde wegen, die er nur für sich züchtete. Er mochte ihr derbes Haarkleid, das dicht, drahtig und wetterfest war. John (oder Jack) Russell war an Ausstellungen nicht interessiert, für ihn galt nur die Gebrauchstüchtigkeit seiner Hunde als Arbeitstiere.

Irish Softcoated Wheaten Terrier

Anlagen und Bedürfnisse

Der **Irish Terrier** war der erste der vier irischen Terrier, der zum Rassehund erhoben wurde. Die Landbevölkerung brauchte ihn für die Jagd. Er ist ein draufgängerischer Kaninchenjäger, der sich von dornigem Gestrüpp nicht abhalten lässt: Ein wahrer Teufelskerl! In der Familie ist er anpassungsfähig, treu und ein witziger Naturbursche in praktischem Format. Er kann problemlos in der Stadt wie auch auf dem Land gehalten werden. Bergwanderungen liebt er – auch beim Stadtbummel weiß er sich zu benehmen. Das rote, raue Haarkleid muss regelmäßig gekämmt und am besten von Hand getrimmt werden.

Der **Kerry Blue** ist ein imponierender blauschwarzer Hund aus der Grafschaft Kerry. Er wird in Irland seit langem reinrassig als Gebrauchshund gezüchtet. Er wird auf der Kaninchen- und Vogeljagd eingesetzt und apportiert auch aus dem Wasser. Der eigenwillige, lebhafte Kerl, egal ob Hündin oder Rüde, braucht von jung an eine konsequente Hand. Ganz wichtig ist die gute Sozialisierung. Auch wenn der Kerry

Irish Terrier

Irish Terrier: Irland
Irish Softcoated Wheaten Terrier: Irland
Kerry Blue Terrier: Irland

Eigenschaften:

- Wachtrieb: [3 Pfoten]
- Lauf- und Bewegungsbedürfnis: [3 Pfoten]
- Tendenz zum Jagen und Hetzen: [3 Pfoten]
- Menschenfreundlich: [3 Pfoten]
- Familientauglich und gesellschaftsverträglich: [3 Pfoten]
- Erziehbarkeit: [3 Pfoten]
- Eignung für Senioren: [2 Pfoten]

Arbeitsanlagen:

- Helfer des Menschen, Therapiehunde
- Sportbegeistert, alle Hundesportarten
- Begleiter

Blue früher mitunter als unverträglich beschrieben wurde, wird er heute als guter Familienhund gezüchtet. Der begabte Allrounder hat ein seidig gewelltes Haarkleid. Er verliert keine Haare, aber sein Fell muss zweimal jährlich geschoren werden.

Der **Irish Softcoated Wheaten Terrier** wurde in Irland von den hart arbeitenden Bauernfamilien in bescheidenen Verhältnissen gehalten. Er war kein verwöhntes Tier, denn er musste sich seine Nahrung meist selbst besorgen und ernährte sich von Ratten und Mäusen. Der Irish Softcoated ist ein solider Hund, ein harter Bursche, obwohl sein weiches weizenfarbenes Fell dies nicht ahnen ließe. Dieses Haarkleid braucht regelmäßige Pflege mit Kamm und Bürste.

Kerry Blue Terrier

Rassegeschichte

Irland, das Land der ausgedehnten Moore und der kargen Landschaft, ist die Heimat des Irish-, Kerry Blue- und Softcoated Wheaten Terrier. In dieser rauen, windigen Landschaft entstanden in den einzelnen Grafschaften eigenständige keltenstämmige Terriertypen. Bekannt ist, dass die Vorfahren des Irish Terrier aus dem Norden stammen, jene der beiden andern aus Kerry, wobei der Soft Coated Wheaten wohl die älteste Terrierrasse ist. Ihre Geschichte und ihr Ursprung sind ungenau und aufgrund ihrer engen Verbindung untereinander nicht eindeutig zu erhellen.

West Highland White Terrier

Anlagen und Bedürfnisse

Er schmückt Dosen mit Hundefutter und posiert als Markenzeichen bekannter Models, der **West Highland White Terrier** ist aber kein Modeartikel, sondern ein beherzter kleiner Kerl, der sich außerordentlicher Beliebtheit erfreut. Sein Heiterkeitsquotient ist enorm, außerdem ist er äußerst praktisch: Er liebt Spaziergänge, fährt gerne Auto, tobt ausgelassen mit Kindern oder legt sich genüsslich aufs Ohr. Im Hause ist er ruhig, draußen lebensfroh und munter. Trotz seines Charmes braucht er eine konsequente Erziehung. Leider bringt die enorme Popularität auch Nachteile: Profitorientierte Züchter wählen kritiklos ihre Zuchttiere aus und tragen dem Wesen und der Gesundheit ungenügend Rechnung, zudem sind in Massen produzierte Hunde weder im Aussehen noch im Charakter typisch. Das weiße doppelte Haarkleid besteht aus harschem Haar, ohne jegliches Zeichen von Locken. Es muss regelmäßig getrimmt werden.
Widerristhöhe: 27 bis 31 cm.

Der **Cairn Terrier** ist ein angenehmer Familienhund und ebenfalls ein Schotte. Dennoch darf nicht vergessen werden, dass er ursprünglich als unzimperlicher Jagdhund auf Dachs, Fuchs und

West Highland White Terrier

West Highland White Terrier: Großbritannien
Cairn Terrier: Großbritannien

Eigenschaften:

- Wachtrieb: 🐾🐾🐾🐾
- Lauf- und Bewegungsbedürfnis: 🐾🐾🐾
- Tendenz zum Jagen und Hetzen: 🐾🐾🐾🐾
- Menschenfreundlich: 🐾🐾🐾
- Geeignet für Mehrfachhaltung: 🐾🐾🐾
- Familientauglich und gesellschaftsverträglich: 🐾🐾🐾
- Erziehbarkeit: 🐾🐾🐾
- Eignung für Senioren: 🐾🐾🐾

Arbeitsanlagen:

- Sportbegeistert: Agility, Obedience
- Begleiter

Raubzeug gezüchtet wurde. Er ist ein Draufgänger, stets einsatzbereit und sehr selbständig. Gut sozialisiert versteht er sich auch später mit größeren Hunden mühelos. Als echter Terrier hat der Cairn Terrier einen Hang zum Löcher buddeln, was einem Garten eher abträglich ist. Sein raues Fell muss regelmäßig getrimmt werden und kommt in den Farben Weizen, Rot, Grau, Grauschwarz oder gestromt vor.
Widerristhöhe: ca. 28 cm.

Cairn Terrier

Rassegeschichte

Obwohl der Cairn Terrier als letzte schottische Rasse 1912 vom Kennel Club anerkannt wurde, ist er für einige Kenner die älteste, der die anderen Schotten entstammen. Die einzelnen Familienclans in Schottland züchteten ihre eigenen Terrierrassen. Benannt wurden diese jeweils nach der Grafschaft, in der sie geboren wurden. Die Unterschiede waren auch nicht groß, denn sie wurden untereinander gekreuzt, so dass mitunter im selben Wurf weiße, schwarze und Welpen in allen Farbschattierungen vorkamen. Es wird erzählt, dass der Colonel Malcolm aus dem Malloch-Clan auf der Jagd irrtümlicherweise seinen sandfarbenen Lieblingshund erschossen haben soll, worauf er schwor, in seiner Zucht nur noch weiße Terrier zuzulassen. Später erließ der Englische Kennel Club eine Verordnung, wonach kein Cairn Terrier mehr eingetragen werden durfte, der innerhalb der letzten drei Generationen Westieblut führte.

Australian Terrier

Anlagen und Bedürfnisse

Der **Australian Terrier** gilt als selbstsicher, kühn und draufgängerisch, aber auch als ausgeglichen, zuverlässig und liebenswürdig. Seine Aufgabe war schon in der alten Heimat England die Beseitigung von Ratten und Mäusen. Kaum zu glauben, dass dieser kleine Terrier in Australien auch als verlässlicher Wachhund gebraucht wurde: seine Unerschrockenheit soll so manchen Plünderer in die Flucht geschlagen haben. Er ist fröhlich, anhänglich und geeignet für Menschen jeden Alters, die etwas mit ihm unternehmen. Sein Fell bedarf regelmäßiger Pflege, ist dicht, gerade und mit kurzer Unterwolle in den Farben Blau, Stahlblau, Dunkel-grau-blau oder einfarbig, Sandfarben oder Rot.
Widerristhöhe: ca. 25 cm.

Der **Australian Silky Terrier** ist eine relativ junge Rasse, die aus verschiedenen Kreuzungsversuchen entstand. Er ist ein fröhlicher, hübscher kleiner Terrier, der durch seine Entschlossenheit auffällt. Das wunderschöne, seidenweiche Haarkleid in den Farben Blau mit Loh oder Graublau mit silberblauem oder rehbraunem Schopf. Auch er braucht regelmäßige Pflege mit Kamm und Bürste.
Widerristhöhe: ca. 23 cm.

Australian Silky Terrier: Australien
Australian Terrier: Australien

Eigenschaften:

- Wachtrieb: 🐾🐾🐾🐾
- Lauf- und Bewegungsbedürfnis: 🐾🐾🐾
- Menschenfreundlich: 🐾🐾🐾
- Geeignet für Mehrfachhaltung: 🐾🐾
- Familientauglich und gesellschaftsverträglich: 🐾🐾🐾
- Erziehbarkeit: 🐾🐾🐾
- Eignung für Senioren: 🐾🐾🐾

Arbeitsanlagen:

- Hundesport, Begleiter
- Sportbegeistert: Agility, Obedience
- Begleiter

Rassegeschichte

Australien wurde um 1600 entdeckt, besiedelt allerdings erst später. Im 18. Jahrhundert entstand in New South Wales die erste Strafkolonie, der Siedler und ihre Hunde folgten. Ursprünglich ein eigener Schlag der Siedler, gelangte ein kleiner Terrier wieder nach England, wo er mit Dandy Dinmont-, Cairn- und anderen Terriern gekreuzt wurde. Zurückgekehrt, wurden die Nachkommen des Australian Terriers Mitte des vorletzten Jahrhunderts in zwei Zuchtrichtungen zu eigenständigen Rassen entwickelt. Es entstand einerseits der rustikale, harte Gebrauchshund, andererseits ein Hund für die Stadtbevölkerung, ein seidenhaarig liebenswürdiger Schoßhund.

Australian Silky Terrier

Yorkshire Terrier: Großbritannien

Eigenschaften:

- Wachtrieb: 🐾🐾🐾
- Lauf- und Bewegungsbedürfnis: 🐾🐾
- Menschenfreundlich: 🐾🐾🐾
- Geeignet für Mehrfachhaltung: 🐾🐾
- Familientauglich und gesellschaftsverträglich: 🐾🐾🐾🐾
- Erziehbarkeit: 🐾🐾
- Eignung für Senioren: 🐾🐾🐾🐾

Arbeitsanlagen:

- Begleiter

Yorkshire Terrier

Anlagen und Bedürfnisse

Der **Yorkshire Terrier** ist eine der beliebtesten Zwerghunderassen und mit Sicherheit kein Schoßhund. Er hat ein ausgeglichenes Wesen, ist weder scheu noch ängstlich und besticht vor allem durch seine einmalige Haarpracht. Ursprünglich als Rattenfänger in trostlosen Arbeitersiedlungen gehalten, mauserte sich dieser aparte kleine Hund zum intelligenten Begleiter für alle Gesellschaftsschichten. Der Yorkshire ist ein kleiner Hund mit großem Charme: Er lässt seine Menschen fühlen, dass er anhänglich, treu, eine Persönlichkeit und kein Sofa-Figürchen ist. Selbst moderaten Hundesport macht er mit und soll bei Agilityprüfungen erfolgreich sein. Wer sich einen »Yorki« anschaffen will, muss sich bewusst sein, dass dieser kleine Hund viel Pflege braucht. Gut gehalten hat dieser Hund eine lange Lebenserwartung. Auch wenn er nicht an Ausstellungen gezeigt wird, muss sein Haarkleid täglich gekämmt werden. Dieses ist lang, gerade, seidig und glänzend, in den Farben Dunkelstahlblau vom Hinterhauptstachel bis zur Rutenwurzel; auf der Brust, an der Seite des Kopfes, am Ohrenansatz und auf der Nase tief lohfarbig. Widerristhöhe: ca. 20 cm, Gewicht nicht unter zwei Kilogramm.

Rassegeschichte

Wie bei vielen anderen Rassen auch, ist es beim Yorkshire Terrier nicht möglich, eine genaue Entstehungsgeschichte wiederzugeben. Bei kaum einer anderen Rasse sei so viel gedichtet und »geschwafelt« worden, heißt es im Kompendium des Klubs für Terrier e.V. Einer der Gründe für diese unterschiedlichen Behauptungen mag damit zusammenhängen, dass viele Terrierrassen anders benannt wurden und als lokale Schläge galten.
Beteiligt an der Entstehung waren die Hunde der Textilarbeiter, die sich in Westyorkshire niederließen. In den Würfen der Skye Terrier fielen immer wieder Hunde mit weichem Haar, mit denen man anschließend gezielt weiterzüchtete. Daraus entwickelte sich der blau und lohfarbene Paisly Terrier und der blaugoldene Clyesdale Terrier, gewissermaßen die Ahnen des Yorkshire Terrier. In anderen Quellen ist nachzulesen, dass der mit Seeleuten eingeführte Malteser das Seinige zur Entwicklung des Yorkshire Terrier beigetragen habe. Bekannt in ganz England und Irland machte ihn die Brauereibesitzerin Mary Ann Foster: Einer ihrer Rüden war Huddersfied Ben, der als Stammvater aller Yorkshire-Linien gilt.

Deutscher Jagdterrier

Deutscher Jagdterrier: Deutschland

Eigenschaften:

- Wach- und Schutztrieb: 🐾🐾🐾🐾🐾
- Lauf- und Bewegungsbedürfnis: 🐾🐾🐾🐾
- Menschenfreundlich: 🐾
- Familientauglich und gesellschaftsverträglich: 🐾
- Erziehbarkeit: 🐾🐾🐾
- Eignung für Senioren: nein

Arbeitsanlagen:

- Jagdgebrauchshund
- Hundesport, Begleiter
- Sportbegeistert: Agility, Obedience
- Begleiter

Anlagen und Bedürfnisse

Diese noch relativ junge Rasse wurde im 20. Jahrhundert in Deutschland nach einem präzisen Zuchtplan entwickelt. Der **Deutsche Jagdterrier** ist ein schneidiger, charmanter Kerl, handlich in der Größe und äußerst gebrauchstüchtig: Ein hartnäckiger, wagemutiger und scharfer Hund. Er muss mutig in den Fuchs- oder Dachsbau einschliefen, spurlaut jagen und Wasserfreude zeigen. Seine Erschaffer wollten einen erbgesunden, wesensfesten Jagdhund und keinen Raufer oder aggressiven Begleiter kreieren. Neben der Schärfe als Jagdhund durften die angenehmen Haushundeigenschaften nicht fehlen. Er gehört nur in Jägerhände. Sein hartes, dichtes Fell in den Farben Schwarz, Braun jeweils mit Loh ist rau- oder glatthaarig.
Widerristhöhe: max. 40 cm.

Rassegeschichte

Die Initianten richteten sich beim ganzen züchterischen Unterfangen stets auf die Gebrauchstüchtigkeit mit den Attributen Führigkeit, Härte, Raubwildschärfe, Nase und Spurlaut. Hervorgegangen ist der Jagdterrier aus dem Foxterrier, der damals in großer Zahl gezüchtet wurde, dessen Leistung als Erdhund aber nicht überzeugte. Um die enorme Population der Füchse im Bayerischen Raum erfolgreich zu dezimieren, aber auch für die Schweißfährte und als Stöberer suchte die Deutsche Jägerschaft nach einem Hund, der genügend hart war, passioniert, wendig und robust zugleich. Man kreuzte verschiedene Terrierrassen, wie beispielsweise den Welsh und den Lakeland Terrier ein.

Border Terrier: Großbritannien

Eigenschaften:

- Wachtrieb: 🐾🐾🐾
- Lauf- und Bewegungsbedürfnis: 🐾🐾🐾
- Tendenz zum Jagen und Hetzen: 🐾🐾🐾
- Jagdgebrauchshund: 🐾🐾
- Menschenfreundlich: 🐾🐾🐾🐾
- Familientauglich und gesellschaftsverträglich: 🐾🐾🐾🐾
- Erziehbarkeit: 🐾🐾🐾🐾
- Eignung für Senioren: 🐾🐾🐾

Arbeitsanlagen:

- Hundesport

Border Terrier

Anlagen und Bedürfnisse

Die Landleute jagten als Selbstversorger und nicht zum Vergnügen. Schon immer waren es harte, raue Burschen, die sich diese Terrier hielten, denn der Border ist ebenfalls ein harter, rauer Bursche. Er ist für die Arbeit gezüchtet worden und hat die Veranlagung aus jeder Situation das Beste zu machen. Das ausgeglichene Wesen, das für die Zusammenarbeit mit den großen »Hounds« (Meutehunde bei der Hetzjagd) erforderlich war, macht ihn zum idealen Familienhund, robust, gesund und unempfindlich. Gerne übt er sich bei allen Hundesportarten.
Der Border Terrier hat ein raues, dichtes Haarkleid in den Farben Rot, Weizen, Grau mit Loh oder Blau mit Loh, das regelmäßig getrimmt werden muss.
Widerristhöhe: ca. 30 bis 35 cm.

Rassegeschichte

Im Grenzgebiet zwischen Schottland und England wurde er für die Fuchsjagd gezüchtet und musste fähig sein, in der Houndmeute das Tempo zu halten und den Pferden meilenweit zu folgen. Mitunter wurde er auch in der Weste des Reiters gehalten, bis es galt, den Fuchs zu stellen. Das Leben der Menschen in seiner Heimat war karg. Sie lebten seit Jahrhunderten von der Landwirtschaft und der Jagd oder waren Handwerker und Zigeuner. Er musste auch beherzt in Höhlen schliefen und den Kampf mit dem Fuchs aufnehmen. Auch heutzutage ist die Bejagung des Fuchses in diesen Gebieten kein gesellschaftliches Ereignis, sondern überlebenswichtig. Da die frisch geborenen Lämmchen zur leichten Beute des Fuchses werden und die Menschen dort von der Schafzucht leben.

Fox Terrier Rauhaar

Fox Terrier: Großbritannien

Eigenschaften:

- Wach- und Schutztrieb:
- Lauf- und Bewegungsbedürfnis:
- Tendenz zum Jagen und Hetzen:
- Jagdgebrauchshund:
- Menschenfreundlich:
- Familientauglich und gesellschaftsverträglich:
- Erziehbarkeit:
- Eignung für Senioren:

Arbeitsanlagen:

- Sportbegeistert: Begleithund, Agility

Anlagen und Bedürfnisse

Wo immer in Großbritannien Terrier entstanden sind, war die Fuchspopulation groß. Es galt, den Lämmerräuber kurz zu halten, und dazu brauchte man tüchtige Hunde. Der Fox Terrier ist flink, lebhaft und mutig, genau so, wie er heute als vielseitiger Jagdgebrauchshund mit großem Arbeitseifer noch immer eingesetzt wird: Als Treiber in mittelgroßen Revieren ist er bei Jägern hochgeschätzt und auch auf der Wundfährte brauchbar. Gemäß der gesellschaftlichen Entwicklung hat der Fox Terrier dank seinem angenehmen Wesen auch als Familienhund bei Nichtjägern Anklang gefunden. Er hat sowohl als Wohnungshund wie auch als Reisegefährte eine ideale Größe, braucht jedoch täglich Auslauf. Er kommt in zwei Varietäten vor. Das Haarkleid des Rauhaar Foxterriers muss fachkundig getrimmt werden – der glatthaarige Foxterrier ist pflegeleichter. Beide Varietäten sind in den Farben Weiß dominierend, mit schwarzen oder lohfarbenen Abzeichen. Widerristhöhe: 45 bis 39 cm.

Rassegeschichte

Der Fox Terrier gehört zu den Terrier-Typen, die mit den »Hunde-Meuten« auszogen, den Fuchs zu jagen. Von diesen Haudegen wurde geringe Größe, Wetterfestigkeit und ein starkes Gebiss verlangt, in der Gruppe jedoch mussten sie verträglich sein. Weil der Rauhaar Foxterrier, der ältere der beiden Varietäten, als Familienhund kompatibel war, wurde er im 20. Jahrhundert zur populärsten Rasse Englands. Später musste er allerdings anderen Terrier-Rassen dieses Feld überlassen.

Fox Terrier Glatthaar

Ceský Teriér

Anlagen und Bedürfnisse

Der **Bedlington Terrier** ist ein Hund für Insider. Was kann man erwarten, wenn ein Hund daher kommt, der aussieht wie ein junges Schäfchen? Aber Achtung: Der Bedlington Terrier ist im wahrsten Sinne des Wortes ein »Wolf im Schafspelz«: mutig, pfiffig, ein schneidiger Draufgänger und erst noch schnell. Kein Hund für Stubenhocker, er mag es sportlich. Er taugt als Familienhund ebenso wie für die Jagd. Die Ursprünge des Bedlington sind im Distrikt Coquetdale in der Ortschaft Bedlington zu suchen. Bei seiner Entstehung haben verschiedene Rassen mitgewirkt: anfänglich gab es dort einen gewissen Rothbury Terrier, der mit Bullterriern und am offensichtlichsten mit Whippets gekreuzt wurde. Einige Autoren sehen sogar den Pudel mitverantwortlich. Das dichte, flachsartige Haarkleid muss regelmäßig gekämmt werden, damit es nicht haart. Die Farben sind Blau, Leber und Sand, Blau und Loh.
Widerristhöhe: ca. 41 cm.

Der **Ceský Teriér** ist eine relativ junge Schöpfung, ein ruhiger, nicht aggressiver, leicht zu führender, angenehmer und freudiger Gesellschafter. Fremden gegenüber ist er zurückhaltend. Der ideale Familienterrier!
Er ist das Resultat einer geplanten Kreation: Frantisek Horak machte erste Zuchtversuche mit einem Sealyham Rüden und einer Scottish Terrier Hündin. Er wollte die Jagdpassion des Schotten und die vorzügliche Nase des Sealyham.
Das Haar des Ceský Teriérs ist lang, fein aber fest, leicht gewellt, seidig glänzend, nicht zu üppig. Die Farben sind Graublau oder Milchkaffeebraun. Bei beiden Farbvarietäten sind gelbe, graue oder weiße Abzeichen zulässig.
Widerristhöhe: 25 bis 32 cm.

Der **Sealyham Terrier** ist heute zum Glück ein angenehmer, unaggressiver Terrier geworden und entspricht nicht mehr den Vorstellungen der ursprünglichen Züchter. In Wales in Sealyham House lebte Kapitän John Edwards. Dessen Ehrgeiz war es, einen kampflustigen, draufgängerischen Hund zu entwickeln, um ihn als unerbittlicher Vernichter von Ratten

Sealyham Terrier

Bedlington Terrier: Großbritannien
Sealyham Terrier: Großbritannien
Manchester Terrier: Großbritannien
Cesky Terrier: Tschechische Republik

Eigenschaften:

- Wachtrieb: 🐾 🐾 🐾
- Lauf- und Bewegungsbedürfnis: 🐾 🐾 🐾
- Tendenz zum Jagen und Hetzen: 🐾 🐾 🐾 🐾
- Menschenfreundlich: 🐾 🐾 🐾
- Geeignet für Mehrfachhaltung: 🐾 🐾
- Familientauglich und gesellschaftsverträglich: 🐾 🐾 🐾
- Erziehbarkeit: 🐾 🐾 🐾
- Eignung für Senioren: 🐾 🐾 🐾

Arbeitsanlagen:

- Sportbegeistert
- Begleiter

zu brauchten. Er soll Welsh Corgys, Bassets, Dandy Dinmont Terrier und Bull Terrier (des kräftigen Kiefers wegen) eingekreuzt haben. Das pflegeintensive Haarkleid ist weiß, beziehungsweise weiß mit gelben, braunen, blauen oder dachsfarbenen Markierungen an Kopf und Ohren.
Widerristhöhe: nicht höher als 31cm.

Der **Manchester Terrier** ist der eleganteste unter den Terrierrassen und war ein vorzüglicher Rattenbeißer. Er wurde von Dock- und Fabrikarbeitern gehalten, um deren einfache Unterkünfte von Mäusen und Ratten zu säubern. Die angenehme, anhängliche aber doch schneidige Art hat er vermutlich von Whippets, die im vorletzten Jahrhundert eingekreuzt wurden. Lebten doch auch diese Hunde als Rennpferde des armen Mannes in ähnlichen Industrie-Wohnsiedlungen. Sein absolut pflegeleichtes Haarkleid ist dicht anliegend, kurz und glänzend in den Farben Kohlschwarz mit sattem Mahagoni.
Widerristhöhe: 38 bis 41 cm.

Bedlington Terrier

Manchester Terrier

Norfolk Terrier: Großbritannien
Norwich Terrier: Großbritannien

Eigenschaften:

- Wachtrieb: 🐾🐾🐾
- Lauf- und Bewegungsbedürfnis: 🐾🐾🐾
- Tendenz zum Jagen und Hetzen: 🐾🐾
- Menschenfreundlich: 🐾🐾🐾🐾
- Familientauglich und gesellschaftsverträglich: 🐾🐾🐾🐾
- Erziehbarkeit: 🐾🐾🐾
- Eignung für Senioren: 🐾🐾🐾

Arbeitsanlagen:

- Helfer des Menschen: Gehörlosenhunde und Therapiehunde
- Sportbegeistert: vielerlei Hundesport
- Begleiter

Norfolk Terrier/Norwich Terrier

Anlagen und Bedürfnisse

Norfolk Terrier und **Norwich Terrier** sind clevere, aufgeschlossene und kecke Hunde, zwar ursprünglich Rattentöter, aber weder streitsüchtig noch aggressiv. Ein grobschlächtiger Besitzer ohne Feingefühl passt nicht zu diesem feinen Dickschädel. Eine Eigenart dieser Hunde ist bemerkenswert: Es reizt sie alles, was vorbeiflitzt, flugs springen sie nach, oder buddeln, fasziniert von Ratten, Mäusen und Maulwürfen, in jedem Erdloch. Trotzdem sind sie angenehme Wohnpartner und Reisebegleiter. Als kleine Hunde können sie problemlos auch mal getragen werden. Ihr Gewicht von ca. fünf Kilogramm erlaubt es, einen Flug in der Passagierkabine zu buchen. Sowohl der Norfolk Terrier, wie auch der Norwich Terrier sind anpassungsfähig und anhänglich und sie brauchen den Kontakt zur Familie und Beschäftigung. Als Wachhunde versagen sie nicht – sie verbellen ungebetene Gäste, obwohl sie keine Kläffer sind. Diese kleinen rauhaarigen Hunde kommen in den Farben Rot, Weizen, Schwarz mit Loh, Grau (grizzle) vor.
Widerristhöhe: 25 bis 26 cm.

Rassegeschichte

Ursprünglich waren Norfolk und Norwich Terrier ein und dieselbe Rasse, der eine mit Steh-, der andere mit Klappohren. Welcher von beiden nun der Erste war, ist unbekannt; denn mitunter gab es aus Eltern mit Klappohren auch Welpen mit Stehohren. Bereits im Mittelalter pflegten Zigeuner, Händler und Rattenfänger ein Rudel kleiner Hunde zu halten, die als tüchtige Rattenkiller bekannt waren. Die Fahrenden wurden zu den Bauern gerufen, ihre Hunde sollten möglichst alle Ratten und Mäuse im Hof töten. Die tüchtigen kleinen Hunde waren eine Mischung aus halbwilden Zigeunerhunden, gekreuzt mit den Hunden der Weber von Yorkshire und anderen feurigen, roten Zwerghunden. Früher setzten sogar Studenten in Cambridge die frechen kurzbeinigen Hunde auf Ratten an. Wer ist der Schnellste? Wer erledigt die meisten Ratten? Ein beliebter »Sport«, der in der Studentenschaft etliche Anhänger hatte.
Zuerst wurden sie als Norwich Terrier vom Englischen Kennel Club anerkannt, dann, 1964, sind sie in zwei offizielle Rassen getrennt worden.

Welsh Terrier

Welsh Terrier: Großbritannien
Lakeland Terrier: Großbritannien

Eigenschaften:

- Wachtrieb: 🐾🐾🐾🐾
- Lauf- und Bewegungsbedürfnis: 🐾🐾🐾🐾
- Tendenz zum Jagen und Hetzen: 🐾🐾🐾
- Menschenfreundlich: 🐾🐾🐾
- Familientauglich und gesellschaftsverträglich: 🐾🐾🐾
- Erziehbarkeit: 🐾🐾🐾
- Eignung für Senioren: 🐾🐾🐾

Arbeitsanlagen:

- Sportbegeistert
- Begleiter

Anlagen und Bedürfnisse

Das Gebiet auf der Halbinsel Cumberland und Westmorland an der schottischen Grenze, Lake District genannt, ist eine wild romantische Gegend, in der meistens ungemütliche Kälte, Sturm und Regen herrschen. Dies ist die Heimat des **Lakeland Terriers**. Sein Haarkleid ist dicht und hart und muss regelmäßig getrimmt werden. Es kommt in den Farben Schwarz und Loh, Blau und Loh, Weizen, Leberbraun, Rot, Blau Schwarz oder Rotgrizzle (Rotgrau) vor.
Widerristhöhe: max. 37 cm.

Einen ebenso guten Ruf hat der **Welsh Terrier**, ein fröhlicher, unkomplizierter Kerl, dessen Wurzeln nicht nur in Wales, sondern auch in England liegen. Er gilt als die Miniaturausgabe des Airedale Terriers mit allen guten Eigenschaften.
Sein Haarkleid ist rau, hart, anliegend und muss getrimmt werden. Es kommt in den Farben Schwarz mit Loh, Grizzle (Grau) mit Loh vor.
Widerristhöhe: max. 39 cm.

Beide Rassen sind begeisterte »Alles-Mitmacher«, die praktische Größe erlaubt dies problemlos. Sie gelten als treuer Begleiter für ältere Menschen, da sie wahrnehmen, was ihr Besitzer noch zu unternehmen vermag.

Rassegeschichte

Wo Schafzucht betrieben wird, muss der Fuchs und kleineres Raubzeug bejagt werden, wozu sowohl der Lakeland Terrier als auch der Welsh Terrier, beides urtümliche Arbeitshunde, einen großen Beitrag leisten. In solchen Regionen muss ein Gebrauchshund nicht nur über eine robuste Gesundheit verfügen, sondern auch ein unzimperliches Wesen haben, tapfer sein und letztlich ein dichtes, Wasser abstoßendes Haarkleid aufweisen. Beide Terrier waren ursprünglich lokale Schläge. Noch im vorletzten Jahrhundert waren der Lakeland und der Welsh kaum zu unterscheiden, es hieß, sie seien ein und dieselbe Rasse.

Lakeland Terrier

Scottish Terrier (Schottischer Terrier)

Wesen und Bedürfnisse

Der Scottish Terrier war ein Werbeträger, sei es für Schokolade, Unterwäsche oder, wie wohl jedem bekannt sein dürfte, für den edlen Schottischen Whisky. Der »Scottie« wird beschrieben als kräftiger, gewandter Hund mit scharfen Sinnen und vorzüglicher Nase. Er besitze den Mut und den Schneid, dass er den Teufel aus der Hölle holen würde, wenn es einen gäbe. Auf Fuchs und Dachs sei er der Beste, er bejage auch erfolgreich Steinmarder und Fischotter. Der Scottish Terrier steht also in hohem Ansehen bei den schottischen Bauern. Er hat es wie der Spaniel und der Dackel verstanden, sich auch auf das Stadtleben, sogar in einer Etagenwohnung, einzustellen, obwohl er ein Jagdhund ist. Daher ist er auf Spaziergängen im Wald gut zu überwachen, sonst verschwindet er im nächsten Fuchsbau! Mit Gefühlsausbrüchen ist der kleine Schotte sparsam. Er muss sich zuerst hinsetzen, überlegen und erst dann zeigt er seine Anhänglichkeit. Hat man ihn aber einmal als Freund, bleibt er ein Leben lang loyal. Das Haarkleid des Schottischen Terriers ist wetterfest

Scottish Terrier: Großbritannien

Eigenschaften:

- Wachtrieb: 🐾 🐾 🐾 🐾
- Lauf- und Bewegungsbedürfnis: 🐾 🐾 🐾
- Tendenz zum Jagen und Hetzen: 🐾 🐾 🐾 🐾
- Menschenfreundlich: 🐾 🐾 🐾 🐾
- Geeignet für Mehrfachhaltung: 🐾 🐾
- Familientauglich und gesellschaftsverträglich: 🐾 🐾 🐾
- Erziehbarkeit: 🐾 🐾 🐾
- Eignung für Senioren: 🐾 🐾

Arbeitsanlagen:

- Begleiter

(hartes Deckhaar mit feiner Unterwolle) und muss regelmäßig getrimmt werden. Es kommt in den Farben Schwarz, Weizen und gestromt in jeder Schattierung vor.

Rassegeschichte

In Schottland gab es lange Zeit weder Darstellungen noch Beschreibungen vom Scottish Terrier. Die Menschen waren mit den täglichen Schwierigkeiten auf ihrem Land beschäftigt und hatten wenig Zeit, sich mit anderen Dingen zu beschäftigen. Einen regen Austausch mit Terrierrassen von anderen Gebieten zu haben, war schwierig. Die Hunde wurden nur für die lokalen Bedürfnisse gezüchtet. Im Gebiet von Aberdeen war der Typ, wie wir ihn heute als Scottish Terrier kennen, besonders beliebt.

Er trug deshalb über viele Jahre auch den Namen Aberdeen Terrier. Im Jahr 1879 wurde an einer Ausstellung eine größere Anzahl solcher Hunde gezeigt. Anfang des 20. Jahrhunderts kam der Scottish Terrier dann auch nach England, den USA und auf den Kontinent – er gefiel diesseits und jenseits des Atlantiks besonders gut. Bemerkenswert ist, dass diese Rasse in Deutschland ursprünglich von Jägern gehalten worden war und erst in den Jahren zwischen den Weltkriegen bei den Damen der Gesellschaft sehr beliebt wurde.

American Staffordshire Terrier

Prolog

Leider dienen diese alten Terrier-Rassen heute skrupellosen Individuen als Kampfmaschinen. Zur Förderung ihres Aggressionspotential isolieren sie die Welpen, um später mit ihnen Hundekämpfe durchzuführen. Diese illegalen Machenschaften haben dazu geführt, dass diese Rassen in vielen Ländern und Bundesländern auf der Liste der gefährlichen Hunde stehen und verboten sind.

Anlagen und Bedürfnisse

Der **Staffordshire Bull Terrier** braucht Beschäftigung und Zuwendung. Der grundsätzlich fröhliche Hund muss frühzeitig sozialisiert, an andere Hunde gewöhnt und mit konsequenter, fairer Hand erzogen werden. Denn zu sehr hat das trübe Umfeld seines Ursprungs in den Industriezentren Englands des 18. und 19. Jahrhunderts diese Rasse geprägt. Es bedingte ein zuverlässiges Wesen – einen Beschützer von Hab und Gut. Sein unzähmbarer Mut, seine hohe Intelligenz, seine Zähigkeit, aber auch seine Zuneigung und seine Ergebenheit seinen Freunden gegenüber, zeichnen ihn aus. Sein Haarkleid ist

Staffordshire Bull Terrier

American Staffordshire Terrier: Großbritannien
Staffordshire Bull Terrier: Großbritannien

Eigenschaften:

- Wach- und Schutztrieb: 🐾🐾🐾🐾
- Lauf- und Bewegungsbedürfnis: 🐾🐾🐾🐾
- Tendenz zum Jagen und Hetzen: 🐾🐾🐾🐾
- Menschenfreundlich: 🐾🐾🐾
- Einzelgänger: 🐾🐾🐾🐾
- Familientauglich: 🐾🐾
- Gesellschaftsverträglich:
- Eignung für Senioren: nein

Arbeitsanlagen:

- Hundesport, Begleiter

kurz, glatt und kommt in den Farben Rot, Gelbbraun, Weiß, Schwarz oder Blau und gestromt, oder in Kombination mit Weiß vor.
Widerristhöhe: 35 bis 41 cm.

Der **American Staffordshire Terrier** ist von Natur aus ein verträglicher, anhänglicher Allrounder, der sich bei korrekter Haltung bestens in die Familie einfügt und seinem Besitzer treu und ergeben ist.
Sein Haarkleid ist kurz, glatt, glänzend und kommt in allen Farben vor.
Widerristhöhe: 43 bis 46 cm.

Rassegeschichte

Es war ein entbehrungsreiches Leben, das die Dockarbeiter in ihren kümmerlichen Behausungen führten. Kein Wunder haben sie sich die spärliche Freizeit mit Wetten ausgefüllt. Ihre Hunde mussten für ihr Leben kämpfen. Der Staffordshire Bull Terrier war eine Entwicklung aus verschiedenen scharfen Terrierrassen und Bulldoggen, die eigens zur Rattentötung und für Hundekämpfe gezüchtet wurde. Als relativ kleiner, aktiver Hund von kräftigem Körperbau, bewachte er die Habseligkeiten aggressiv, die Kinder jedoch liebevoll und zuverlässig.
Als im 20. Jahrhundert die Staffordshire Bull Terrier in die USA kamen, waren Hundekämpfe, obwohl verboten, sehr populär. Die einschlägige Szene hatte die schärfsten Tiere jeweils weiterentwickelt. Diese sind bis heute unter dem Namen Pit Bull (Pit ist die Kampfmulde) bekannt. Die Kampfhunde wurden schon im Welpenalter isoliert und gequält, um »gute« Kämpfer aus ihnen zu machen. Seriöse Züchter verabscheuten sowohl die grausame Haltung als auch die Hundekämpfe. Sie züchteten aus dem Staffordshire Bull Terrier eine eigene, neue Linie Familien- und Ausstellungshunde, indem sie unter anderem den kinderliebenden Deutschen Boxer einkreuzten. Diese Rasse erhielt später den Namen American Staffordshire Terrier.

Bull Terrier

Anlagen und Bedürfnisse

Bull Terrier stammen aus einer Kreuzung von Englischen Bulldoggen und verschiedenen Terrierrassen. Wohl einzigartig in der Hundewelt ist das typische »Downface« des Bullterriers: der eierförmige Kopf mit den kleinen tief liegenden Schlitzaugen. Übertreibungen in der Züchtung dieser Terrierrasse blieben leider nicht aus. Der Bullterrier, der »Gladiator« unter den Hunden genannt, wird von vielen Menschen verkannt: Zwar ist er ein Kraftprotz sondergleichen, besitzt Mut, Intelligenz und Hartnäckigkeit, auf der anderen Seite ist er sensibel, sanftmütig und menschenfreundlich. Halter beschreiben ihn als einen ehrlichen, gesunden Gentleman, der die Würde aufrecht hält, aber jeder Störung voller Kampfeslust begegnet.
Widerristhöhe: ca. 55 cm.

Der Miniature Bull Terrier ist, wie es der Name sagt, das naturgetreu verkleinerte Ebenbild des

Miniature Bull Terrier

Bull Terrier: Großbritannien
Miniature Bull Terrier: Großbritannien

Eigenschaften:

- Wach- und Schutztrieb:
- Lauf- und Bewegungsbedürfnis:
- Tendenz zum Jagen und Hetzen:
- Menschenfreundlich:
- Familientauglich
- Gesellschaftsverträglich:
- Eignung für Senioren: nein

Arbeitsanlagen:

- Hundesport, Begleiter

Bull Terriers. Bei Züchtungen kommt es vor, dass mitunter in den Würfen kleinere Welpen liegen. Das Wesen des Miniature Bull Terriers ist dem des großen Bruders ähnlich.
Das pflegeleichte Haarkleid beider Varietäten ist kurz, anliegend und glatt in den Grundfarben Reinweiß, Schwarz, Rot Rehbraun, gestromt oder tricolor und allen Farben außer Blau und Leberbraun.
Widerristhöhe: max. 35,5 cm.

Rassegeschichte

Tierkämpfe sind schon zu Römerzeiten populär gewesen: Hunde kämpften in der Arena gegen Bär, Löwe und Wolf und später auch gegen Bullen. Diese Kämpfe waren brutal und wurden Anfang des 19. Jahrhunderts verboten. Der Bull Terrier entstand um 1500 aus dem heute ausgestorbenen weißen Terrier und kleineren Kampfhunden (Mastiffartige), um Bullen zu hetzen. Dank seiner geringeren Größe konnte der Bull-Terrier unter den gewaltigen Hörnern durchschlüpfen und den Stier fassen. Damals war man noch der Ansicht, dass das Fleisch des Bullen zarter im Genuss sei, wenn das Tier halb zu Tode gehetzt wurde, bevor man es schlachtete. Dank der außerordentlichen Kraft, des großen Mutes und Durchhaltevermögens war der Bull Terrier auch ein gefürchteter Gegner in der Hundekampfszene. Landflucht und Arbeitslosigkeit in den Städten führten zur Verlagerung der Hundekämpfe und Rattentöterwettbewerbe, die bei wetteifrigen Engländern jederzeit ein gefragter Zeitvertreib mit Gewinnchancen waren, in die Hinterhöfe der Industriegebiete.

Dachshunde

Diese kleinen Jagdhunde bilden eine ganze FCI-Gruppe, denn die Dackelfamilie mit ihren Varietäten ist groß. Genannt wird er Dachshund in Norddeutschland »Teckel« oder wie in den übrigen Gebieten schlicht »Dackel«.

Der Dackel stammt von den Bracken ab. Der kurzbeinige, langsame Hund war schon im ausgehenden Mittelalter bekannt und als Erdhund sehr beliebt. Er kann vom Jäger leichter verfolgt werden, insbesondere wenn er in einen Dachs- oder Fuchsbau »einschliefen« sollte. Denn das ist die eigentliche Arbeit des Dachshundes: Er sprengt Dachs und Fuchs aus ihren Bauten, mitunter kämpft er scharf und mutig gegen dieses wehrhafte Wild. Als vielseitiger Jagdhund kann er auch spurlaut jagen, stöbern, zeigt gute Leistung auf Schweiß und wird sogar für die Wasserarbeit gebraucht. Bereits Ende des 19. Jahrhunderts wurden im ersten Teckelstammbuch die drei Haarvarietäten (Rau-, Kurz- und Langhaar) aufgeführt. Damals kümmerten sich ausschließlich Jäger um die Dackelzucht, denn das Augenmerk lag nur bei der Arbeitsqualität. Die separaten Zuchtlinien für Zwergdackel und Kaninchendackel folgten erst später. Trotz seiner Schärfe und seiner Beharrlichkeit ist er ein äußerst beliebter Familienhund geworden, sein Charme und seine Dickköpfigkeit lassen niemals Langeweile aufkommen. Außerdem sind Dackel wachsam und verteidigungsbereit.

Rauhaardackel

Anlagen und Bedürfnisse

Der Dackel, Teckel oder Dachshund ist für die Bodenjagd gezüchtet worden, aber diese kurzbeinige Brackenart kann mehr: Der Dackel ist ein Multitalent.
Für seine spezielle Arbeit im Bau braucht er Wesensstärke, Raubwildschärfe und Jagdpassion. Darüber hinaus hat dieser Jagdgebrauchshund eine hervorragende Nase, weshalb der Dackel gerne für die Schweißarbeit oder zum Stöbern ausgebildet wird. Er muss unter der Erde über Schärfe, Beharrlichkeit, Mut und Unnachgiebigkeit verfügen, um Fuchs oder Dachs herauszusprengen. Diese Dickschädel haben aber auch Charme, was sie schließlich zum Modehund werden ließ. Gute Dackel sind nach wie vor beliebte Gefährten der Jäger und eignen sich für fast jedes Revier. Einen Dackel abzurichten braucht Zeit und Zuwendung, was sich Dackelbesitzer, ob Jäger oder nicht, einprägen sollten. Dackel, so sagt ein geflügeltes Wort, kann man nicht dressieren, man kann sie nur von etwas überzeugen. Bloß weil der Dackel heutzutage auch Familienhund geworden ist, heißt das noch lange nicht, dass er seinen Schneid als Jagdhund verloren hätte.

Dachshunde gibt es in drei Größenvarietäten (Standard-, Zwerg- und Kaninchen Teckel) und drei Haarvarietäten (Langhaar, Kurzhaar und Rauhhaar).
Interessant ist, dass der Dackel nicht nach Risthöhe definiert, sondern am Brustumfang gemessen wird. So unterscheidet man drei Größen:
Standarddackel mit etwa 9 kg Gewicht und über 35 cm Brustumfang.
Zwergdackel mit einem Brustumfang von max. 35 cm.
Kaninchendackel mit einem Brustumfang bis zu 30 cm.

Der Rauhaardackel (durch Einkreuzung von Terriertypen) eignet sich für die Jagd im Unterholz und im dornigen Dickicht, wie es in Niederwildregionen vorkommt. Er ist der beliebteste Teckel in Deutschland. Sein Haarkleid besteht aus kurzem,

Langhaardackel

Dachshunde: Deutschland

Eigenschaften:

- Wach- und Schutztrieb: 🐾🐾🐾🐾
- Lauf- und Bewegungsbedürfnis: 🐾🐾🐾
- Tendenz zum Jagen und Hetzen: 🐾🐾🐾🐾🐾
- Jagdgebrauchshund: 🐾🐾🐾🐾🐾
- Menschenfreundlich: 🐾🐾🐾
- Geeignet für Mehrfachhaltung: 🐾🐾🐾
- Familientauglich und gesellschaftsverträglich: 🐾🐾🐾
- Erziehbarkeit: 🐾
- Eignung für Senioren: 🐾🐾🐾

Arbeitsanlagen:

- Hundesportarten, Obedience und Begleithund

drahtigem Deckhaar mit dichter Unterwolle in den Farben Hell-, Mittel- bis Dunkelsaufarben, Schwarzrot, Dürrlaubfarben, gefleckt (getigert, gestromt) und Braun mit gelben Abzeichen.

Der Langhaardackel (durch Einkreuzung von Spanieltypen) ist für die Spurarbeit und Nachsuchen geeignet. Sein glänzendes Haarkleid ist glatt oder leicht gewellt in den Farben Rot, Schwarzrot, Braun mit gelben Abzeichen und gefleckt.

Der Kurzhaardackel (Urtyp) ist geeignet für jegliche Arbeit über und unter der Erde. Sein Haarkleid ist kurz, dicht und anliegend, glänzend. Die Einfarbigen sind rot, rotgelb gelb, die Zweifarbigen sind tiefschwarz oder braun mit Brand, und die Gefleckten sind gestromt oder getigert, wobei die Grundfarbe dunkel ist.

Rassegeschichte

Das Vorkommen und die Arbeit von Erdhunden sollen schon im 16. Jahrhundert in Deutschland bekannt gewesen sein. Hundert Jahre später wurden die deutschen Teckel als »merkwürdige, niedrig stehende, krummbeinige Spezies« bezeichnet. Während der Französischen Revolution Ende des 18. Jahrhunderts gelang es einigen Adligen, aus ihrer Heimat nach Deutschland zu fliehen; sie nahmen ihre Bassets mit. Diese kreuzten sie dann in der neuen Heimat mit dem deutschen Teckel. 1890 kannte man bereits die drei Haarvarietäten. Zu jenen Zeiten haben sich jedoch ausschließlich Jäger um die Zucht der Dackel gekümmert, da nur die Arbeitsqualität zählte. Haarkleid und Größe waren in erster Linie funktionsbedingt, schmale lange Körper waren gefragt, die gut in Fuchs- und Dachsbauten zu schliefen vermochten. Die Zuchtlinien der Zwergdackel und Kaninchenteckel erfolgten erst später.

Kurzhaardackel

Spitze, nordische Rassen und Urtypen

Die Typologie in dieser Gruppe ist variantenreich. Die einzelnen Vertreter sind sowohl in ihrer Arbeitsweise wie auch in ihrem Charakter grundlegend verschieden.
Es wird vermutet, dass die nordischen Schlitten- und Jagdhunde, nordischen Wach- und Hütehunde sowie der europäische Spitz gemeinsame Urväter haben, dennoch sind sie als Rassen nicht unter einen Hut zu bringen.
Gemeinsam ist allen vielleicht ihr urtümliches Verhalten. Meist handelt es sich auch um alte Rassen und alle waren sie unentbehrliche Arbeitstiere, aber selbständig und unabhängig. Die Jäger in den Steppen Asiens und Afrikas, die Inuit im weiten Eis oder die Beduinen in der Wüste – sie alle hatten eine andere Beziehung zu ihren Hunden. Diese waren in erster Linie Helfer bei der Nahrungsbeschaffung, also bei der Jagd, schützten ihre Besitzer vor Raubtieren oder wurden bei Reisen in andere Gebiete als Zugtiere eingesetzt. Die Lebensbedingungen waren hart, es herrschte ein steter Kampf ums Überleben. Diese Hunde waren es gewohnt, Entbehrungen hinzunehmen und auf sich selbst gestellt zu sein. Die Auswahlkriterien bei der Zucht waren rigoros.

Samojede

Anlagen und Bedürfnisse

Schlittenhunde gelten als extrem gesunde, langlebige Hunde. Sie sind robust und unempfindlich, mit einer herzlichen Zuneigung zu den Menschen. Über Jahrhunderte hinweg wurden sie dafür gezüchtet, in eisiger Kälte Lasten über weite Strecken zu ziehen und das entbehrungsreiche Leben mit ihren Menschen in Kälte und Eis zu teilen.

Der Samojede

Das Naturell des Samojeden ist lebhaft und anhänglich, vermutlich sind es diese Attribute, die ihn als Schlittenhund zum häufigsten Haus- und Familienhund gemacht haben. Er ist der Hund mit dem »ewigen Lächeln«. Da er alle Menschen mag und auch Fremde akzeptiert, ist er zwar ein guter Haushund, aber kein ausgeprägter Wachhund. Das pflegeintensive Haarkleid ist üppig, dick, elastisch, doppelt mit kurzer, weicher Unterwolle und längerem, harscherem Deckhaar in den Farben Weiß und Crème.
Widerristhöhe: 53 bis 57 cm.

FCI Gruppe 5

Alaskan Malamute

Siberian Husky: USA
Alaskan Malamute: USA
Samojede: Russland

Eigenschaften:

- Wach- und Schutztrieb: 🐾🐾🐾🐾🐾
- Lauf- und Bewegungsbedürfnis: 🐾🐾🐾🐾🐾
- Tendenz zum Jagen und Hetzen: 🐾🐾🐾🐾🐾
- Familientauglich und gesellschaftsverträglich: 🐾🐾
- Erziehbarkeit: 🐾🐾
- Eignung für Senioren: nein

Arbeitsanlagen:

- Sportbegeistert

Siberian Husky

Alaskan Malamute

Der **Siberian Husky** ist als Familienhund kein einfaches Tier, da er viel Urtümliches bewahrt hat, fordert seine Erziehung Konsequenz. Sein Jagdtrieb ist kaum zu bändigen, jede Gelegenheit nimmt er wahr weg zu rennen. Einem Husky sollte unbedingt Gelegenheit gegeben werden, sich als Zughund zu betätigen, denn das ist seine wahre Leidenschaft. Bei jungen sportlichen Menschen fühlt er sich wohl, gegenüber Fremden ist er zugeknöpft und gegenüber Artgenossen dominant. Sein pflegeintensives Haarkleid ist doppelt und mittellang, es hat ein schönes, pelzartiges Aussehen. Alle Farben von Schwarz bis Reinweiß sind erlaubt Widerristhöhe: 51 bis 60 cm.

Der **Alaskan Malamute** ist der größte der Schlittenhunde. Er gilt als der Schwerarbeiter, denn er hat gewaltige Lasten zu ziehen. Er ist ein Kraftprotz sondersgleichen, der über einen

Rassegeschichte

Die **Samojeden** kommen aus Russland und waren Helfer der »Samojeden«, eines turkmongolischen Volksstammes. Die Hunde halfen bei der Jagd auf Pelztiere und beschützten die Rentierherden vor dem Wolf. Im Gegensatz zu den anderen nordischen Rassen lebte der Samojede eng mit seinem Menschen zusammen, bewohnte sein Zelt und wärmte das Bett. Um die Jahrhundertwende starteten Polarforscher mit zahlreichen Hundeteams auf ihre Expeditionen. Die meisten hatten Samojeden im Gespann.

Der **Siberian Husky** stammt aus Sibirien und war der Hund von Nomaden, unentbehrlich für den Transport von Hab und Gut und für die Jagd. Mit Pelzhändlern kamen sie Anfang des 20. Jahrhunderts nach Alaska. Es war ein Huskygespann, welches die Stadt Nome vor der Diphtherie rettete, indem eine Staffel in 24 Stunden über 600 Meilen hin- und zurückeilte, um das überlebenswichtige Impfserum zu transportieren.
Als Erinnerung wird jährlich ein Schlittenhunderennen veranstaltet, das den sportlichen Höhepunkt für alle Schlittenhundeführer (Musher) darstellt.

Alaskan Malamute: Seit der Steinzeit lebte ein hoch entwickeltes Nomadenvolk, die Inuit, ganz im Nordwesten Alaskas. Sie brauchten für ihre Wanderungen große, kräftige Hunde als Zugtiere, ohne Malamuten wären das Leben und die harten Bedingungen in der enormen Kälte undenkbar gewesen. Diese kräftige Rasse hat sich bis zum heutigen Tag kaum verändert.

ausgeprägten Bewegungsdrang verfügt. Fest steht, dass der Malamute kein Hund für Anfänger ist, sondern für sportlich aktive Menschen, die es verstehen, diesem »Urtyp« gerecht zu werden. Sein pflegeintensives Haarkleid ist hart und dicht in allen Schattierungen von grau bis schwarz.
Widerristhöhe: 58 bis 63 cm.

Island Hund

Anlagen und Bedürfnisse

Der **Suomenlapinkoira** (Finnische Lapphund) ist heute sowohl in den Städten wie auch auf dem Lande ein beliebter Haushund geworden. Als tüchtiger Treiber der großen Rentierherden war er für die Lappländer seit jeher ein unentbehrlicher Helfer, auch in Haus und Hof. Als Familienhund muss dieses intelligente Arbeitstier beschäftigt werden: eifrig ist er bei vielen Hundesportarten mit dabei. Finnische Lapphunde haben ein reichliches Haarkleid, Rüden sogar einen dichten Kragen. Das Haar muss gelegentlich durchgebürstet werden. Das Deckhaar ist lang und grob mit dichter Unterwolle. Es kommt in allen Farben vor.
Widerristhöhe: 44 bis 49 cm.

Rassegeschichte

Seit Jahrhunderten haben die Lappländer in den nördlichen Tundra-Gebieten von Finnland und Russland Hunde vom gleichen Typ, wie der des Finnischen Lapphundes, zum Hüten und Bewachen der Rentiere verwendet. Er war zwischenzeitlich vom Aussterben bedroht, konnte aber noch rechtzeitig gerettet werden.

Der **Islandhund** gilt als arbeitsfähig, gehorsam und gutmütig. Ursprünglich ein leistungsfähiger Jagdhund wurde er aber vorwiegend für die Arbeit an der Herde gebraucht. Dieser hübsche Bursche kann gut als Familienhund gehalten werden, seine Charakterzüge sind dafür wie geschaffen. Es gibt ihn kurz- oder langhaarig, beide Typen mit dichter feiner Unterwolle in allen Farben.
Widerristhöhe: 42 bis 46 cm.

Suomenlapinkoira (Finnischer Lapphund)

Suomenlapinkoira (Finnischer Lapphund): Finnland
Norwegischer Buhund: Norwegen
Island Hund: Island

Eigenschaften:

- Wach- und Schutztrieb: 🐾🐾🐾🐾
- Lauf- und Bewegungsbedürfnis: 🐾🐾🐾
- Menschenfreundlich: 🐾🐾🐾🐾
- Familientauglich und gesellschaftsverträglich: 🐾🐾🐾🐾
- Dominant gegenüber Artgenossen: 🐾🐾🐾
- Erziehbarkeit: 🐾🐾
- Eignung für Senioren: 🐾🐾

Arbeitsanlagen:

- Sportbegeistert: Agility

Rassegeschichte

Der Islandhund soll mit den Wikinger im ersten Jahrtausend nach Island gekommen sein. Dort teilte er als unentbehrlicher Helfer das harte, karge Leben der Siedler, die Landwirtschaft betrieben und Vieh hielten.

Der **Norwegische Buhund** ist ein typischer spitzartiger Herdenhund und ein gut behütetes Kulturgut Norwegens. Mit Schwung und Leichtigkeit überwindet er unwegsames Gelände, um verlorene Schafe zurückzubringen. Heute soll er ein charmanter, unerschrockener und gelehriger Familienhund sein, der in Norwegen sehr beliebt ist. Das Deckhaar ist dicht, rau und gut anliegend, die Unterwolle weich und ebenfalls dicht in den Farben Weizen von hell bis Rotgelb, mit oder ohne schwarze Haarspitzen oder einfarbig Schwarz.
Widerristhöhe: 41 bis 47 cm.

Rassegeschichte

Er soll ein prähistorischer Hund der Wikinger gewesen sein, was Ausgrabungen belegen. Ursprünglich wurde er als Wach- und Hofhund gehalten, aber auch als Jagdhund auf Elch, Rotwild und Fuchs leistete er unentbehrliche Dienste.

Norwegischer Buhund

Anlagen und Bedürfnisse

Der Deutsche Spitz war einst eine beliebte Rasse, die heute leider selten geworden ist, obwohl es geradezu der ideale Familienhund wäre. Er passt sich jeder Wohnform an und eignet sich bestens für den Hundesport. Wilhelm Buschs Geschichten von Max und Moritz sind weltbekannt: der Hund der legendären Witwe Bolte war ein Spitz. Witwe Bolte (die »für Sauerkraut besonders schwärmt, wenn es wieder aufgewärmt«) bestrafte den armen Spitz für den Diebstahl der Hühner, der eigentlich auf das »Konto« von Max und Moritz ging. Diese Geschichten erzählte Wilhelm Busch Mitte des 19. Jahrhunderts, was deutlich macht, dass der Spitz ein bekannter Haushund gewesen sein muss. Seit Urzeiten ist seine Wachsamkeit geschätzt, er ist bellfreudig, aber kein Kläffer. Obwohl er sich für viele Hundesportarten begeistern lässt und auch für lange Wanderungen zu haben ist, hat er an Popularität schwer eingebüßt. Schade, denn er ist ein fröhliches unkompliziertes Tier. Das wichtigste Merkmal ist das lange Haarkleid, besser gesagt, der Haarschmuck, der erst mit dem dritten Lebensjahr vollkommen ist. Das Fell sollte öfters gebürstet werden.

mmeranian

Deutscher Spitz: Deutschland
Wolfsspitz: Deutschland
Pommeranian: Deutschland

Eigenschaften:

- Wach- und Schutztrieb: 🐾🐾🐾🐾
- Lauf- und Bewegungsbedürfnis: 🐾🐾🐾
- Menschenfreundlich: 🐾🐾🐾🐾
- Familientauglich und gesellschaftsverträglich: 🐾🐾🐾🐾
- Dominant gegenüber Artgenossen, Großspitz: 🐾🐾🐾
- Erziehbarkeit: 🐾🐾🐾
- Eignung für Senioren: 🐾🐾🐾🐾 (Mittel-, Klein- und Zwergspitz)

Arbeitsanlagen:

- Sportbegeistert: Agility

Steckbrief

Widerristhöhe: Es gibt den Spitz in fünf Größenvarietäten, die alle denselben Standard haben.
Wolfsspitz: ca. 49 cm, Graugewölkt.
Großspitz: ca. 46 cm, Schwarz, Braun, Weiß.
Mittelspitz: ca. 34 cm, Schwarz, Braun, Weiß, Orange, Graugewölkt, andersfarbig.
Kleinspitz ca. 26 cm, Schwarz, Braun, Weiß, Orange, Graugewölkt, andersfarbig
Zwergspitz oder **Pommeranian:** ca. 20 cm, Schwarz, Braun, Weiß, Orange, Graugewölkt, andersfarbig.

Rassegeschichte

Er soll eine der ältesten Formen des Haushundes sein, mindestens beweisen archäologische Funde, dass es einen Haushund in dieser Form bereits im Steinzeitalter (2,5 Mio. Jahre bis 6000 v. Ch.) gegeben hat.
Der Basler Zoologe und Paläontologe Ludwig Rütimeyer, der diese Funde untersuchte, stellte eine recht einheitliche Haustierfauna fest und nannte diesen Typ Torfhund. Prof. Dr. Thomas Studer, der das umfangreiche Sammelgut aus den Pfahlbauten untersuchte, fand ebenfalls Hundereste, die in Größe und Gestalt derjenigen eines Mittelspitzes sehr nahe kamen. Eine andere Theorie sagt, der Hund stamme aus dem hohen Norden und wurde an den Ostseeküsten heimisch. Das würde erklären, weshalb der Spitz auch der »Hund aus Pommern« genannt wird.

Wolfsspitz

Shiba

Anlagen und Bedürfnisse

Auf Japanisch heißt »Inu« Hund.
Akita Inu heißt der Hund aus Akita, ein Distrikt im Norden Japans. Der Akita gilt in seiner Heimat Japan als Glücksbringer, als Symbol für eine gute Gesundheit und ist ein Nationaldenkmal. Dieser selbstbewusste Hund, der Haus und Hof kompromisslos verteidigt, ist ein unerschütterlicher, kräftiger Urhund mit einem ausgeprägten Jagd- und Schutztrieb. Heute genauso wie zu den Zeiten der Shoguns. Artgenossen gegenüber neigt er zur Dominanz, die Rangordnung ist relevant, er ist kein Hund für »Einsteiger«. Das Deckhaar ist hart, gerade mit weicher Unterwolle in den Farben Rot-Falbfarben, Sesam (rot-falbfarbene Haare mit schwarzen Spitzen), gestromt und Weiß.
Widerristhöhe: 61 bis 67cm.

Der **Shiba Inu** wurde schon immer als Begleit- wie auch als Jagdhund auf kleines Wild gebraucht. Seine große Beliebtheit in Japan erlangte er aber als Familienhund. Der Shiba ist ein scharfsinniges Wesen, ein kühner Hund, der es mit jedem Riesen aufnimmt. Sein Haarkleid ist ebenfalls hart und gerade mit weicher Unterwolle in den Farben Rot, Schwarz mit Loh, Sesam, Schwarzsesam, Rotsesam.
Widerristhöhe: 37 bis 40 cm.

Der **American Akita** ist ein freundlicher, aufmerksamer, auffassungsfähiger, folgsamer und mutiger Hund von beachtlicher Größe und Kraft. Er hat Stockhaar mit dicker Unterwolle in den Farben Rot, Falbfarben, Weiß, gestromt gescheckt.
Widerristhöhe: 66 bis 71 cm.

Die Pflege der japanischen Hunde ist einfach, denn ihre Reinlichkeit ist rassetypisch. Sie haben keinen Eigengeruch. Einmal wöchentlich sollten sie gut durchgekämmt werden, insbesondere beim Haarwechsel.

Shiba: Japan
Akita: Japan
American Akita: Japan

Eigenschaften:

- Wach- und Schutztrieb: 🐾🐾🐾🐾🐾
- Lauf- und Bewegungsbedürfnis: 🐾🐾🐾🐾
- Tendenz zum Jagen und Hetzen: 🐾🐾🐾🐾🐾
- Menschenfreundlich: 🐾🐾
- Familientauglich und gesellschaftsverträglich: 🐾🐾
- Dominant gegenüber Artgenossen: 🐾🐾🐾🐾🐾
- Erziehbarkeit: 🐾
- Eignung für Senioren: nein

Arbeitsanlagen:

- Hundesport
- Begleiter

Rassegeschichte

In archäologischen Funden in Japan aus der Bronzezeit sind Grabbeigaben gefunden worden, die eine kleine spitzohrige Hunderasse mit dem typischen, über dem Rücken getragenen Ringelschwanz darstellten. Es wird angenommen, dass es sich dabei um den Urhund handelt, dem heute nicht mehr existierenden »Nipon Inu«. Aus ihm sollen sich schließlich die heutigen japanischen Spitze entwickelt haben.

Im 17. Jahrhundert wurde der **Akita** zur Bärenjagd eingesetzt (unter Akita Matagis bekannt). Im 19. Jahrhundert wurden der Tosa und der Mastiff eingekreuzt und während des 2. Weltkrieges auch Deutsche Schäferhunde. Um 1950 war die ursprünglich große Population drastisch dezimiert und die Akitas wurden mit Matagi Akitas gekreuzt, um die ursprüngliche reine Rasse wieder aufzubauen. Als Symbol der Treue galt »Hachito«, der Hund des Professors Dr. Wuno. Jeden Abend holte er seinen Herrn am Bahnhof ab. Als 1925 der Professor in der Universität einen plötzlichen Tod erlitt, wartete der Hund die ganze Nacht vergeblich. Neun weitere Jahre, bis zu seinem Tod, trottete er jeden Abend zum Bahnhof. Heute steht eine Bronzefigur mitten im Shibuya-Bahnhof in Tokio und versinnbildlicht die Treue des Hundes zu seinem Menschen.

Auch beim Shiba (auf japanisch klein) handelt es sich um eine alte Rasse eines kleinen Jagdhundes für kleines Wild und Vögel, die um 1600 in den bergigen Gegenden am Japanischen Meer entstand.

Nach dem Ende des 2. Weltkrieges nahmen amerikanische Soldaten einige Akitas mit Schäferhundeinschlag mit in die USA, wo sie weiterentwickelt wurden. Daraus entstand die neue amerikanische Rasse, der American Akita.

American Akita

Akita

Chow Chow

Anlagen und Bedürfnisse

Der **Chow Chow** besitzt das typische, spitzartige Aussehen wie viele asiatische Hunde auch. Diese urtypischen Hunde wurden in erster Linie als Jagd- und Wachhunde gebraucht. Dem löwenähnlichen Hund mit der blauen Zunge wird nachgesagt, er sei ein eigenwilliger »one man dog«, was heißt, dass er sich nur seinem »Chef« anschließt und nur für ihn da ist. Der Chow gilt als wachsamer Familienhund, er gibt Laut, wenn ungebetene Gäste das Haus betreten. Er liebt Spaziergänge, besonders lauffreudig ist er jedoch nicht; große Hitze schätzt er auch nicht. Als ursprünglicher Jagdhund stürmt er auch heute noch in den Wald, sobald er Witterung in die Nase bekommt, weshalb eine gute Erziehung auch beim Chow notwendig ist. In den USA genießt er große Popularität, während er in Europa eher selten anzutreffen ist.

Den Chow Chow gibt es in zwei Haarvarietäten: Langhaar mit reichlich Deckhaar und dichter Unterwolle und Kurzhaar (sehr reichlich und dicht) in einfarbig Schwarz, Rot, Blau, Crème und Weiß.
Widerristhöhe: 46 bis 56 cm.

Eine relativ junge deutsche Züchtung ist der **Eurasier**. Ein ausgesprochen angenehmer Familienhund, der sich gut sozialisieren und integrieren lässt und ein guter Wächter ist. Dieser sensible, anhängliche Hund scheint alle die guten Eigenschaften seiner Ausgangsrassen in sich zu vereinen, ist anpassungsfähig, genügsam und brav mit Kindern. Er ist deshalb auch ein Hund für Anfänger. Das Haarkleid des Eurasiers besteht aus mittellangem Deckhaar, dichter Unterwolle und kommt in allen Farben außer Weiß vor.
Widerristhöhe: 48 bis 60 cm.
Regelmäßige Fellpflege empfiehlt sich bei beiden Rassen.

Eurasier

Chow Chow: China
Eurasier: Deutschland

Eigenschaften:

- Wach- und Schutztrieb: 🐾🐾🐾
- Lauf- und Bewegungsbedürfnis: 🐾🐾
- Tendenz zum Jagen und Hetzen: 🐾🐾🐾
- Menschenfreundlich: 🐾🐾🐾🐾
- Familientauglich und gesellschaftsverträglich: 🐾🐾🐾🐾
- Erziehbarkeit: 🐾🐾🐾
- Eignung für Senioren: 🐾🐾🐾🐾

Arbeitsanlagen:

- Helfer des Menschen
- Begleiter

Rassegeschichte

Der Ursprung des **Chow Chow** ist unklar. Es wird vermutet, dass er mit den Mongolen als Kriegshund nach China gekommen ist und später mit Mastiffs gekreuzt wurde, um den schweren Kopf zu festigen.

Der **Eurasier** ist eine jüngere Schöpfung: Julius Wipfel aus Weinheim war auf der Suche nach einem Nachfolger für seinen großen, schwarzen spitzähnlichen Mischlingshund, da entschied er sich für eine Wolfsspitzhündin. War das Zusammenleben mit dieser Hündin zwar um vieles angenehmer, vermisste er doch die Urtümlichkeit ihres Vorgängers. So entstand der Wunsch, selbst einen Hund zu züchten. Das ursprüngliche Wesen des Chow Chows sollte mit dem gesunden Erbgut des Wolfsspitzes Nachkommen bringen. Diese erwiesen sich als polarhundtypisch mit schönen Farben und einem reizvollen, angepassten Wesen. Bereits aus der ersten Verpaarung 1960 eines Chow Chow Rüden und einer Wolfsspitz Hündin erhielt er Hunde, die dem angestrebten Zuchtziel recht nahe kamen. Diese Zuchtbasis von Ausgangstieren wurde Wolf-Chow genannt. Als geeignete Rasse wurde später der Samojede eingekreuzt, er brachte die Eleganz und das freundliche Wesen. Nach dieser Einkreuzung 1972 erhielt die Rasse ihr heutiges Erscheinungsbild.

Basenji

Anlagen und Bedürfnisse

Er ist ein typischer Vertreter alter sichtjagender Hunderassen und fest mit der Urbevölkerung Afrikas verbunden. Der **Basenji** ist ein Jagdhund, der in der Hetze keinen Laut gibt, weshalb ihm die Ituri-Pygmäen im Kongo eine Glocke an den Hals hängten. In Europa ist der Basenji als Begleithund beliebt, den sein Besitzer beim Spaziergang allerdings gut im Auge behalten muss: sieht dieser kleine Jäger ein Wild oder Nachbars Katze, die um die Ecke schleicht, ist er schnell mal hinterher. Der Basenji ist kein gewöhnlicher Hund, er bellt nicht, sondern »jodelt«, wie Kenner das freudige Gejaule nennen. Sein eigenwilliger Charakter braucht Aufmerksamkeit, denn er will unbedingt im Mittelpunkt stehen. Härte in der Erziehung führt zu nichts.

Dieser reinliche Hund ist jedoch sehr anspruchslos. Sein Haarkleid ist kurz und glatt, in den Farben Schwarz-Weiß, Rot-Weiß, Schwarz-Weiß gestromt und immer mit weißen Pfoten sowie Weiß an Rutenspitze und Brust.
Widerristhöhe: 40 bis 43 cm.
Ebenfalls aus Afrika kommt der **Pharaonenhund**, der wie es sein Name sagt, in Ägypten von den Pharaonen für die Gazellenjagd gezüchtet wurde. Auch der Pharaonenhund jagt sowohl auf Sicht wie auch mit der Nase. Auf dem Kontinent ist er heute ein Begleit- und Familienhund, der sein Windhunderbe, die Hetze, gerne mal auf der Rennbahn auslebt, aber auch für andere Hundesportarten zu haben ist. Der Pharao ist ein guter Wächter, wenn auch mitunter etwas bellfreudig. Sein Charakter ist sanft und an-

Pharaonenhund

Basenji: Großbritannien
Pharaonenhund: Malta
Cirneco dell'Etna: Italien

Eigenschaften:

- Wachtrieb: 🐾🐾🐾
- Lauf- und Bewegungsbedürfnis: 🐾🐾🐾🐾🐾
- Tendenz zum Jagen und Hetzen: 🐾🐾🐾🐾🐾
- Menschenfreundlich: 🐾🐾🐾
- Familientauglich und gesellschaftsverträglich: 🐾🐾🐾
- Erziehbarkeit: 🐾🐾
- Eignung für Senioren: 🐾🐾

Arbeitsanlagen:

- Sportbegeistert
- Begleiter

hänglich. Sein Haarkleid ist kurz und glänzend, in den Farben Rotbraun mit oder ohne Abzeichen. Widerristhöhe: 53 bis 63 cm.

Die Miniaturausgabe des Pharaonenhunds ist der **Cirneco dell'Etna**. Seine Heimat ist Sizilien, wo er an den Hängen des Ätna für die Karnickeljagd verwendet wird – ein schneller, kleiner stehohriger Windhund. Er ist anhänglich, freundlich und unkompliziert. Es ist erstaunlich, dass er so selten anzutreffen ist. Sein Haarkleid ist weich auf dem Kopf, den Ohren und Beinen, am Körper und an der Rute glatt und hart. Farben: alle Nuancen von Rehbraun. Widerristhöhe: 42 bis 50 cm.

Rassegeschichte

Gemäß aktueller Kenntnisse ist der Basenji die älteste Hunderasse Afrikas. Das isolierte Leben im Zentrum des schwarzen Kontinentes hat sie über Jahrtausende vor dem Einkreuzen bewahrt. Es wird angenommen, dass der Basenji neben dem Tesem (ausgestorbener Windhund), dem Pharaonenhund und dem Cirneco dell'Etna die Hunderasse der alten Ägypter war. Der Pharaonenhund und der Cirneco dell'Etna sind vermutlich mit den Phöniziern in den Mittelmeerraum gelangt.

Cirneco dell'Etna

Podenco Ibicenco: Spanien

Eigenschaften:

- Wach- und Schutztrieb: 🐾🐾🐾🐾
- Lauf- und Bewegungsbedürfnis: 🐾🐾🐾🐾🐾
- Tendenz zum Jagen und Hetzen: 🐾🐾🐾🐾🐾
- Jagdgebrauchshund: 🐾🐾🐾🐾🐾
- Menschenfreundlich: 🐾🐾🐾
- Familientauglich: 🐾🐾🐾
- Gesellschaftsverträglich: 🐾🐾🐾
- Erziehbarkeit: 🐾
- Eignung für Senioren: 🐾

Arbeitsanlagen:

- Helfer des Menschen
- Sportbegeistert: Rennbahn, Begleithund
- Begleiter

Besonderheiten:

- Der Podenco Ibicenco wird in Zentraleuropa nicht zur Jagd verwendet.

Podenco Ibicenco

Anlagen und Bedürfnisse

Der **Podenco Ibicenco** ist ein mediterraner Windhund und stammt von der Insel Ibiza. Er wird auf allen Baleareninseln von Einheimischen zur Jagd verwendet. Dieser stehohrige Windhund genießt als Hetzhund für die Kaninchenjagd großes Ansehen, er jagt aber auch Hasen und Federwild, ja selbst auf der Schweißspur ist er zu gebrauchen. Podencos jagen sowohl mit der Nase wie auch mit den Augen. Der robuste, elegante Hund hat viel Durchsetzungsvermögen, braucht Geduld in der Ausbildung und gehört als Familienhund öfters an die Leine. Wird er nicht zur Jagd gebraucht, muss er artgerecht beschäftigt werden. Dazu bietet sich die Windhundrennbahn oder das Jagdcoursing. Ein Hund für aktive Menschen, die bereit sind, viel Freizeit mit ihm zu teilen. Es gibt zwei Varietäten: Glatthaarig und rauhaarig, in den Farben Weiß-Rot, einfarbig Weiß oder Rot-Gelb.
Widerristhöhe: 60 bis 72 cm.

Rassegeschichte

Alle stehohrigen Jagdhunde aus dem Mittelmeerraum stammen ursprünglich aus Ägypten. Tonfiguren mit ähnlicher Gestalt wurden im Grab des Tutanchamun gefunden. Bekannt sind auch die ägyptischen Wandmalereien, die den Totengott »Anubis« mit den typischen Stehohren und dem Ringelschwanz zeigen. Die meisten Wissenschaftler sind der Ansicht, dass alle diese Typen im Grunde eine Rasse sind, die von den Phöniziern nach Griechenland und schließlich in andere mediterrane Gebiete gebracht wurden.

Podengo Português pequeno

Podengo Português pequeno: Portugal

Eigenschaften:

- Wach- und Schutztrieb: 🐾🐾🐾🐾
- Lauf- und Bewegungsbedürfnis: 🐾🐾🐾🐾🐾
- Tendenz zum Jagen und Hetzen: 🐾🐾🐾
- Menschenfreundlich: 🐾🐾🐾
- Geeignet für Mehrfachhaltung: 🐾
- Familientauglich und gesellschaftsverträglich: 🐾🐾🐾
- Erziehbarkeit: 🐾🐾🐾
- Eignung für Senioren: 🐾🐾

Arbeitsanlagen:

- Sportbegeistert: Agility
- Begleiter

Anlagen und Bedürfnisse

Von diesem urtümlichen Hund mit den spitzen, aufrechten Ohren gibt es drei Varietäten und zwei Haartypen: den Glatthaarigen, mit dichtem, kurzem Haarkleid und den Rauhaarigen mit borstigem Haar ohne Unterwolle. Der Größte, der Podengo Grande, und der Mittlere, der Podengo Médio, sind eher quadratisch, während der Kleine, der Podengo pequeno, eher rechteckig wirkt. Er wird in seiner Heimat für die Kaninchenjagd gebraucht, weshalb er auch Coelheiro (coelho span. Kaninchen) genannt wird. Hat der Hund Witterung, so hüpft er senkrecht im hohen Gras, bis er das Karnickel erspäht hat, danach hetzt, fängt und tötet er es, um es dann zu apportieren. Podengos haben auch Einzug in die Familie gehalten. Sie brauchen eine konsequente Erziehung, denn sie nutzen jede Gelegenheit, um sich selbstständig zu machen. Der Podengo Português pequeno weist Züge eines Terriers auf: witzig, draufgängerisch, furchtlos, aber auch anhänglich. Im Hause ist er ruhig und bescheiden, draußen lebhaft und unternehmungslustig.

Farben: Gelb, Falb, Schwarz mit oder ohne weiße Abzeichen.

Widerristhöhe: 20 bis 30 cm.

Rassegeschichte

Für einige Autoren ist der Podengo ein Abkömmling des Pharaonenhundes. Mutmaßungen, wonach der Basenji und der Cirneco dell' Etna Urväter gewesen sein könnten, stehen im Raum. Christoph Columbus soll auf seinen Schiffen kleine spitzohrige Hunde mitgeführt haben, um die Ratten kurz zu halten. Vermutlich waren es Podengo pequeno, denn es wird berichtet, dass kleine Hunde mit den Seefahrern nach Mexico kamen und dort zur Entstehung des Chihuahua beigetragen haben.

Lauf- und Schweißhunde

Arrian, ein Römer aus dem 3. Jahrhundert, schildert in seinem Werk »Kynergetikus« die Jagdweisen der Kelten, insbesondere die Arbeit ihrer Hunde. Er unterscheidet diese in zwei Gruppen: Hetzhunde und Laufhunde. Das Aussehen der Hunde erwähnt er nicht, wohl aber die Art und Weise des Jagens: So sollen die Laufhunde mit lautem Gebell einer Spur nachgegangen sein, wenn sie Witterung hatten. Was Arrian mit seinen Schriften der Nachwelt überliefert hat, ist die Erkenntnis, dass die Kelten mit Spürhunden jagten und diese nach Europa brachten. Von diesen Hunden stammen viele der heutigen Jagdhunderassen ab. Auch wenn sie schon damals in ihrem Aussehen unterschiedlich waren, so haben sie ein gemeinsames Erkennungszeichen: Das anhaltende laute Bellen (Lauten) beim Verfolgen einer Fährte, das Brackieren. Lauf- und Schweißhunde gehören zu den Bracken; das sind jagende Hunde, die entweder einzeln oder in Gruppen große Gebiete spurlaut durchstreifen und Fährten von Wild verfolgen. Die heute verbotene Parforcejagd setzte ganze Hundemeuten auf den Fuchs ein. In wildreichen Zeiten jagte man früher so auch Hirsch und Sau. Schweißhunde sind absolute Spezialisten auf ihrem Gebiet.

Basset Hound

Anlagen und Bedürfnisse

In früheren Zeiten wurden bassetähnliche Hunde in kleinen Meuten gehalten. Da sie dank ihres niedrigen Körperbaus in jedes Dickicht eindringen konnten und wegen ihrer kurzen Läufe das flüchtige Wild den wartenden Jägern langsam zutrieben, eigneten sie sich besonders für die sogenannte »Chasse-à-Tire«, auf dem Kontinent auch Bewegungsjagd genannt.

Noch heute gibt es in England aktiv jagende Basset-Hound-Meuten. Seine Popularität verdankt der Basset Hound nicht nur seiner ungewöhnlichen Gestalt, sondern ebenso seinem umwerfenden Charme. Er weiß seine Leute geschickt um den Finger zu wickeln. Gleichgültig überhört er Ruck-Zuck-Befehle, er braucht deshalb strikte Konsequenz in der Erziehung. Seine tiefe, sonore Stimme mag ungebetene Gäste einschüchtern, er ist aber ein überaus friedfertiger Hund mit ruhigem Temperament. Kinder mag er gerne und auch andere Tiere im Haushalt akzeptiert er problemlos. Als geselliger Meutehund ist er nicht gern zurückgelassen, Alleinsein in der Wohnung muss geübt werden. Er liebt es im Mittelpunkt zu stehen, schließlich ist er ja auch ein »imposanter großer Hund auf kurzen Beinen«. Dieses Selbstbewusstsein ist ausgeprägt und macht für den Kenner Teil seines unwiderstehlichen, typischen Wesens aus.

Rassegeschichte

Bereits im Mittelalter wird der Name »Basset« erwähnt und zwar im berühmten Werk über die Jagd »La Vénerie« von Jacques Fouilloux. Die Be-

Basset Hound: Großbritannien

Eigenschaften:

- Wach- und Schutztrieb: 3 Pfoten
- Lauf- und Bewegungsbedürfnis: 3 Pfoten
- Tendenz zum Streunen: 2 Pfoten
- Tendenz zum Jagen und Hetzen: 2 Pfoten
- Jagdgebrauchshund: 2 Pfoten
- Menschenfreundlich: 5 Pfoten
- Geeignet für Mehrfachhaltung: 3 Pfoten
- Familientauglich und gesellschaftsverträglich: 5 Pfoten
- Pflegeaufwand und Erziehbarkeit: 2 Pfoten
- Eignung für Senioren: 3 Pfoten

Arbeitsanlagen:

- Begleiter

zeichnung »Basset« wurde damals in Frankreich für alle kurzläufigen Jagdhunde verwendet, der Name kommt vom französischen »bas«, was niedrig bedeutet.

Fest steht, dass die ersten Bassets 1866 aus Nord-Frankreich nach England importiert wurden. Im 19. Jahrhundert entschloss sich Sir Everett Millais in seine eigene Basset-Linie den großen Bloodhound einzukreuzen. Weitere Kreuzungen ergaben schließlich den neuen, gefestigten Typ »Basset Hound«, dessen Knochenstärke, Substanz und ausdrucksvoller Kopf vom Bloodhound stammen und die dem Basset Hound als rassetypische Merkmale bis heute erhalten geblieben sind. Haarkleid glatt und kurz in den typischen »Houndfarben« Schwarz, Weiß, Braun.

Widerristhöhe: 33 bis 38 cm.

Beagle

Anlagen und Bedürfnisse

Sein Ausdruck ist liebevoll, sein Kopf stolz getragen, seine Natur anpassungsfähig: Ein Hund mit diesem Wesen gehört in die Familie und nicht ins Versuchslabor. Er passt aber auch in Jägerhände, denn beim Beagle handelt es sich um einen effizienten Laufhund, der für die Meutejagd auf Hasen und Kaninchen gezüchtet worden ist. Er gehört zu den englisch-amerikanische Bracken und ist der kleinste Meutehund der Welt. Dieser muntere Kerl ist ein guter Freund im Kinderzimmer, der jeden kindlichen Unfug frohgemut mittut. Sein wunderbarer Standlaut, obwohl kein Kläffer, erfüllt eine gewisse »Wachhund-Funktion«, wenn er auch nicht als Wachhund gilt. Der Beagle ist weltweit bekannt und passt sich seiner Umwelt problemlos an. Zu beachten ist, dass ein Beagle kein glücklicher Hund ist, wenn er über längere Zeit isoliert lebt. Wer sich für einen Beagle entschließt, darf den angeborenen Jagdinstinkt nicht vergessen, vor lauter Jagdlust ist er kaum zu bremsen und nimmt Reißaus. Er eignet

Beagle: Großbritannien

Eigenschaften:

- Wachtrieb:
- Lauf- und Bewegungsbedürfnis:
- Tendenz zum Streunen,
  Jagen und Hetzen:
- Jagdgebrauchshund:
- Menschenfreundlich, Familientauglich, Gesellschaftsverträglich:
- Geeignet für Mehrfachhaltung:
- Erziehbarkeit:
- Eignung für Senioren:

Arbeitsanlagen:

- sportbegeistert: Hundesport, Agility
- Begleiter

Besonderheiten:

- Der Beagle eignet sich für Senioren nur, wenn er genügend Auslauf bekommt, eventuell an der Leine.

sich für jeden Hundesport, insbesondere für Agility. Ein Hund für junge engagierte Leute.
Er hat ein stockhaariges Fell in den Houndfarben (Weiß, Braun, Schwarz), Rot mit schwarzer Platte.
Widerristhöhe: 33 bis 40 cm.

Rassegeschichte

In England ist ein »Beagle« ganz allgemein ein kleiner Jagdhund schlechthin.
Fakt ist, dass sich der Beagle, der schon im 14. Jahrhundert in der Literatur beschrieben wird, kaum verändert hat und frei von Einkreuzungen und Übertreibungen ist. Die Jäger des 18. Jahrhunderts arbeiteten häufig mit kleinen Hunden, sie begleiteten ursprünglich die Meute zu Fuß, wenn es galt, Kaninchen und Hasen zu jagen. Diese alte Rasse hat dem Vernehmen nach schon bei Königin Elisabeth I. großen Anklang gefunden, sie habe sich als Beagle-Liebhaberin erwiesen, denn seither wurden am englischen Hof stets Beagles gezüchtet und gehalten. Geringe Größe und eine robuste Gesundheit zeichnen ihn aus, die meisten Hunde sind frei von den üblichen Erbkrankheiten. Bedauerlicherweise sind es gerade diese hervorragenden Qualitäten, die auch Versuchslabors auf den Beagle aufmerksam gemacht haben. Kaufinteressenten, die einen Welpen erstehen möchten, werden von den Züchtern genau unter die Lupe genommen, der Zwischenhandel muss rigoros unterbunden werden.

Dalmatiner

Anlagen und Bedürfnisse

Elegant und dazu noch liebenswert, das sind die Attribute des Dalmatiners. Als echte Bracke oder Laufhund ist er unternehmungslustig, intelligent und lernfreudig und darf weder ängstlich, nervös noch aggressiv sein. Er besitzt Selbständigkeit, die im Einklang mit seiner ausgeprägten Neugier und seinem Temperament den speziellen Charakter ausmachen. Ein zielorientierter, kräftiger Rüde mit seiner selbstbewussten Art ist nicht immer leicht zu erziehen. Obwohl ursprünglich eine Brackenart, ist der Jagdtrieb gering. Wer aber einen Dalmatiner erwirbt, muss wissen, dass es kein Hund für Stubenhocker ist. Täglich braucht er seinen großen Auslauf wie auch die Spielstunde mit Artgenossen. Der Dalmatiner benötigt die Gesellschaft der Menschen, er darf niemals vereinsamen. Richtig sozialisiert und gut erzogen, kommt er mit anderen Hunden gut zurecht, an Kinder gewöhnt er sich gern, wenn er mit ihnen aufwächst. Wegen seiner Muskelkraft ist er jedoch durch Erwachsene zu führen, denn er ist kein Spielzeug. Enorm geschadet hat ihm der Rummel um den berühmten Disneyfilm »101 Dalmatiner«: In der Folge sind Hunde oft aus einer emotionalen Regung heraus gekauft worden, ohne dass man sich über die Konsequenzen im Klaren war. Kinder sind bald überfordert und des Hundes überdrüssig.

Sein Haarkleid ist kurz, hart und dicht in den Farben Weiß mit schwarzen oder braunen, gut abgegrenzten Tupfen.

Widerristhöhe: 54 bis 61 cm.

Dalmatiner: Kroatien

Eigenschaften:

- Wach- und Schutztrieb: 🐾🐾🐾
- Lauf- und Bewegungsbedürfnis: 🐾🐾🐾🐾🐾
- Tendenz zum Jagen und Hetzen: 🐾🐾🐾
- Menschenfreundlich: 🐾🐾🐾🐾
- Familientauglich und gesellschaftsverträglich: 🐾🐾🐾🐾
- Erziehbarkeit: 🐾🐾🐾
- Eignung für Senioren: 🐾🐾

Arbeitsanlagen:

- Sportbegeistert: alle Hundesportarten
- Begleiter

Rassegeschichte

Bereits in mittelalterlicher Literatur wird ein Hund erwähnt, der als Jagdhund, Wachhund und Hütehund bezeichnet wurde, gefleckt war und seinen Ursprung an der Adria gehabt haben soll. Wandernde Zigeuner, die sich letztendlich in Dalmatien niederließen, sollen ihn aus Indien mitgebracht haben.

Eine andere Interpretation gibt das liturgische Ordensgewand der Dominikaner, die »Dalmatica«, die aus einem weißen Rock mit weißer Kapuze und schwarzem Mantel bestand. Die Wolle soll ursprünglich von Schafen aus der Region an der Adriaküste stammen und deshalb Dalmatica genannt worden sein. Der weiße Hund mit schwarzen Flecken ist auch das Symbol des Dominikaner-Ordens.

Er war der Kutschenbegleiter und das Maskottchen der Feuerwehrleute. Auf jeden Fall kann man sich eine Schar Dalmatiner als Geleit eines vornehmen Gefährten sehr gut vorstellen. Erstaunlich ist aber, dass diese Hunde andererseits das Pferdefuhrwerk der Feuerwache begleitet haben und bellend vor diesem durch die Straßen zogen.

Rhodesian Ridgeback

Anlagen und Bedürfnisse

Er soll einen Tropfen Löwenblut besitzen, sagt eine Legende. Sein »Markenzeichen« ist eine Haarleiste auf dem Rücken (Rückenkamm), die gegen den Strich verläuft, auf englisch »Ridge« genannt. Das Wesen des Rhodesian Ridgeback ist exzentrisch und selbstsicher, mit einer Portion Arroganz. Beides wurzelt in seiner angeborenen Furchtlosigkeit, die er als Beschützer von großen Farmen in Südafrika brauchte. Ausgezeichnet ist das Seh-, und Riechvermögen, die Geschwindigkeit und Beweglichkeit. Zu all diesen Eigenschaften gesellt sich die große Gelassenheit eines imposanten Hundes. Die stoische Ruhe kann trügerisch sein, denn selbst wenn er genüsslich am Faulenzen ist, schießt er blitzschnell hervor und wird bei Gefahr zum unbestechlichen Beschützer. Die Ridgeback Hündin kann ein sensibler Familienhund sein, jedoch nicht unbedingt zu kleinen Kindern. Die Anhänglichkeit an ihre Menschen ist aber intakt und ehrlich. Der Ridgeback ist kein Hund für jedermann. Sein Laufhunderbe verlangt ausgedehnte Spaziergänge, ein Garten alleine genügt nicht. Er hat kurzes Stockhaar in den Farben Weizen bis Rot, dunkler Behang ist erlaubt. Widerristhöhe: 61 bis 69 cm.

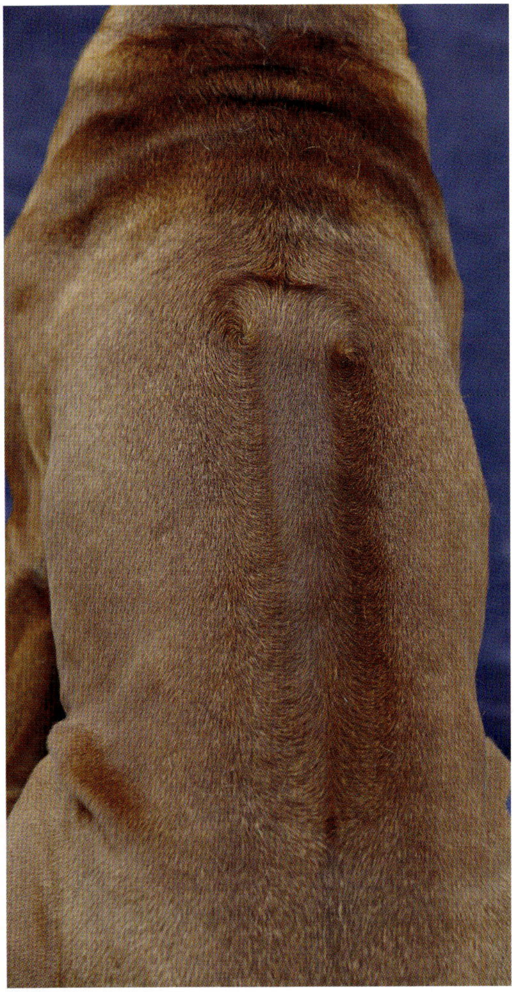

Rhodesian Ridgeback: Südafrika

Eigenschaften:

- Wach- und Schutztrieb: 🐾🐾🐾🐾🐾
- Lauf- und Bewegungsbedürfnis: 🐾🐾🐾🐾🐾
- Tendenz zum Jagen und Hetzen: 🐾🐾🐾🐾🐾
- Menschenfreundlich: 🐾🐾
- Einzelgänger: 🐾🐾🐾
- Familientauglich und gesellschaftsverträglich: 🐾🐾
- Erziehbarkeit: 🐾🐾🐾
- Eignung für Senioren: nein

Arbeitsanlagen:

- Sportbegeistert: Obedience
- Begleiter

Rassegeschichte

Seine Geschichte ist die Geschichte Südafrikas. Die ersten Siedler, portugiesische und später holländische Seefahrer, kamen bereits im 17. Jahrhundert ans Kap, wo ähnliche Hunde seit Urzeiten von Buschmännern und später von Hottentotten als Jagd- und Schutzhunde gehalten wurden. Die meisten dieser Hunde trugen den eigenartigen Ridge auf dem Rücken. Weitere Europäer kamen nach Südafrika und mit ihnen auch ihre Hunde, diese paarten sich mit den halbdomestizierten Hottentottenhunden. Diese Kreuzungen kamen mit den klimatischen Gegebenheiten besser zurecht als die Hunde der Siedler, waren sie doch robust, stark und mutig, vor allem bei der Löwenjagd, weshalb sie auch Löwenhunde genannt wurden. Viele dieser neuen Rassen trugen den seltsamen Ridge auf dem Rücken, den die Buren »Pronkrug«, (Prunkrücken) nannten. In der Folge brachte der Missionar Reverend Charles Helm zwei Vertreter aus Südafrika nach Rhodesien, dem heutigen Zimbabwe. Der bekannte Großwildjäger Cornelius van Rooyen, beeindruckt von den Fähigkeiten der südafrikanischen Hunde, kreuzte diese mit Laufhunden und anderen Rassen.

Luzerner Laufhunde

Anlagen und Bedürfnisse

Die **Schweizer Laufhunde** gehören zur Gruppe der Bracken, den ältesten Jagdhunderassen überhaupt. Diese Typen veränderten sich in ihrer langjährigen Geschichte, denn sie mussten sich stets nicht nur dem zu jagenden Wild, sondern auch den sich ändernden Jagdmethoden sowie der Bewaffnung der Jäger anpassen.
Die Eigenschaften des Laufhundes sind beachtlich, er wird zum Brackieren eingesetzt, das heißt, er jagt mit großer Fährtensicherheit lauthals über weite Strecken auf Hasen, Fuchs und Sauen. Eine weitere Stärke ist die Nachsuche auf der Schweißfährte von verunfallten oder krank geschossenen Tieren.
Das Wesen des Laufhundes ist nicht zu vergleichen mit dem der Niederlaufhunde. Laufhunde sind auch je nach Varietät unterschiedlich. Es sind führige, anhängliche Hunde, aber Fremden gegenüber ablehnend. Sie haben eine große Jagdpassion und werden deshalb praktisch nur in die Hände von Jägern abgegeben.

Schwyzer Laufhund

Schweizer Lauf- und Niederlaufhunde: Schweiz

Eigenschaften:

- Wach- und Schutztrieb:
- Lauf- und Bewegungsbedürfnis:
- Tendenz zum Jagen und Hetzen:
- Jagdgebrauchshund:
- Menschenfreundlich, familientauglich und gesellschaftsverträglich:
  Laufhund:
  Niederlaufhund:
- Erziehbarkeit:
- Eignung für Senioren:

Jura Laufhund

Berner Laufhund

Luzerner Niederlaufhunde

Mit seinem angenehmen Wesen hat sich der **Niederlaufhund** jedoch als Familienhund bewährt. Wenn er gut erzogen und seine Jagdpassion unter Kontrolle gehalten wird, ist er ein geschätztes Familienmitglied. Sein Interesse an Wald und Wild darf aber nicht unterschätzt werden, denn auch ihm wird nachgesagt, dass er ohne Beaufsichtigung Reißaus nimmt. Welpen werden nur in beschränktem Maß an Nichtjäger abgegeben. Der Laufhund wie auch der Niederlaufhund haben glattes Haar, es gibt beide Rassen in vier Farbvarietäten:

Berner: dreifarbig (Weiß, Schwarz, Braun)
Luzerner: Grauweiß gesprenkelt mit schwarzen Platten und braunen Abzeichen
Schwyzer: Weiß mit orangen Platten
Jura brauner Brand mit schwarzem Sattel und braunen Abzeichen
Widerristhöhe:
Laufhund 47 bis 59 cm.
Niederlaufhund 33 bis 43 cm.

Rassegeschichte

Definiert werden Bracken als Hunde, die auf der Fährte weit jagen und lauten. Der Niederlaufhund kann nicht auf eine lange historische Vergangenheit zurückblicken, seine Geschichte ist ursprünglich die Geschichte der Schweizer Laufhunde. Das amtliche Verbot der lauten Jagd mit Hunden über 60 cm Ristmaß, das den Laufhunden beinahe die Existenz gekostet hat, ließ den Niederlaufhund überhaupt erst entstehen. Gegen Ende des 19. Jahrhunderts wurde in der Schweiz das Rehwild im Mittelland wieder heimisch. Es galt, eine neue niedrigere Rasse zu entwickeln, welche die Risthöhe von 45 cm nicht überschreiten sollte, aber die legendäre wohlklingende Laute hatte, sowie die exzellente Nase, den typischen langen Behang und die Farben der alten Laufhunde.

Berner Niederlaufhund

Schwyzer Niederlaufhund

Jura Niederlaufhund

Bloodhound (Bluthund): Belgien

Eigenschaften:

- Wach- und Schutztrieb: 🐾🐾🐾🐾
- Lauf- und Bewegungsbedürfnis: 🐾🐾🐾🐾
- Menschenfreundlich: 🐾🐾🐾
- Einzelgänger: 🐾🐾🐾
- Familientauglich und gesellschaftsverträglich: 🐾🐾
- Erziehbarkeit: 🐾🐾
- Eignung für Senioren: nein

Arbeitsanlagen:

- Helfer des Menschen: Fährtenhund, Mantrailing

Bloodhound

Anlagen und Bedürfnisse

Der Bloodhound, auch »Chien de Saint Hubert« genannt, wurde vom Klerus und vom Adel als Meutehund für die Parforcejagd verwendet. Er besitzt, so sagt man, die beste aller Hundenasen. Er ist in der Lage mit ungeheurer Ausdauer und großer Konzentration kalte Fährten über Stunden zu verfolgen. Wegen dieser beeindruckenden Qualität ist der Bloodhound zum unentbehrlichen Helfer auf Menschenfährten geworden, er spürt verlorene Kinder oder verwirrte Leute auf, die sich verlaufen haben. Schließlich hilft er auch der Polizei bei der Suche von Delinquenten. Die Eigenschaften, die diesen Hund so besonders befähigen, machen aus ihm aber keinen einfachen Familienhund. Sensibel, treu und intelligent, dennoch ein starker passionierter Jäger, der seine Unabhängigkeit liebt. Spaziergänge ohne Leine sind deshalb – mit wenigen Ausnahmen – tabu. Ein Bloodhound ist kein Hund für Einsteiger. Er verlangt von seinem Meister Kraft, denn er zieht an der Leine wie ein »Ochse«, da er so gezüchtet wurde. Sein Haarkleid ist kurz, dicht und wetterfest, zweifarbig Schwarz und Loh, Leberfarben und Loh und einfarbig Rot.
Widerristhöhe: 62 bis 68 cm.

Rassegeschichte

Es ist die größte erhaltene Form der einst über ganz Europa verbreiteten schwarzroten Keltenbracke, die bereits lange vor Christi Geburt vorgekommen ist. Eine Linie entstand in einem Ardennenkloster namens »St. Hubert«. Im 11. Jahrhundert brachte Wilhelm der Eroberer die Hubertushunde nach Großbritannien, wo sie den Namen »Bloodhound« erhielten, was bedeutete, dass sie in Anlehnung an die Pferdezucht von »edlem oder reinem Blut« seien.

Petit Basset Griffon Vendéen

Petit Basset Griffon Vendéen: Frankreich

Eigenschaften:

- Wach- und Schutztrieb: 🐾🐾
- Lauf- und Bewegungsbedürfnis: 🐾🐾🐾🐾🐾
- Tendenz zum Streunen, Jagen und Hetzen: 🐾🐾🐾🐾🐾
- Jagdgebrauchshund: 🐾🐾🐾🐾
- Menschenfreundlich: 🐾🐾🐾
- Familientauglich und gesellschaftsverträglich: 🐾🐾
- Erziehbarkeit: 🐾
- Eignung für Senioren: 🐾

Arbeitsanlagen:

- Begleiter

Anlagen und Bedürfnisse

Die Vendée ist eine Region an der Westküste Frankreichs. Dort wird der Petit Basset Griffon Vendéen, ein Abkömmling des Grand Griffon Vendéen, als effizienter Jagdhund gebraucht. Die Jagd in diesem rauen, hügeligen Gebiet mit den dichten Hecken und Sträuchern verlangt einen robusten Hund, der viel Kraft und Ausdauer besitzt. Das struppige Haarkleid erlaubt ihm, in dornigem Gestrüpp und unwegsamen Gelände unzimperlich zu jagen. Ohne modische Torheiten, aber mit lässiger Eleganz präsentiert sich dieser originelle Hund mit dem liebevollen Blick. Er ist ein passionierter Jäger und besitzt Nase, Ausdauer und Härte, dabei ist er spurlaut, hat Jagdinstinkt und Eigeninitiative. Diese Selbständigkeit verlangt Geduld in der Erziehung, ansonsten geht dieser schlaue Kerl frech seine eigenen Wege. Bei Nichtjägern bedeutet dies ein Leben an der Leine. Der Petit Basset ist ein guter Familienhund. Seinem Charakter ist es zu verdanken, dass er sich auch ohne jagdliche Tätigkeit halten lässt, allerdings nicht bei »Anfängern«. Er hat mittellanges pflegeintensives Rauhaar in den Farben Wildfarben, Weiß oder Grau; zweifarbig Weiß und Rot, Weiß und Schwarz oder Weiß und Grau; dreifarbig: Weiß, Schwarz und Rot, Weiß und Wildfarben.
Widerristhöhe: 34 bis 38 cm.

Rassegeschichte

Im 18. Jahrhundert wurden verschiedene Griffons in Meuten gehalten und auf Schwarz- und Rotwild eingesetzt, aber auch für die Jagd auf Hasen und Kaninchen gebraucht. Jedes Adelsgeschlecht, das etwas auf sich hielt, besaß eine eigene Meute. Anlässlich der Französischen Revolution wurden nicht nur die Königsfamilien enthauptet, es wurden auch deren Hunde brutal niedergemetzelt, waren sie doch ein Symbol der herrschenden Klasse. Damit verschwanden viele altfranzösische Rassen. Überlebt haben glücklicherweise eine Handvoll Laufhunde der Vendée.
Dieser rauhaarige Jagdhund der Vendée ist der einzige Laufhund Frankreichs, der in vier Größen vorkommt: Einmal als »Grand Griffon Vendéen«, dann in der mittleren Größe als »Briquet Griffon«, als »Grand Basset Griffon Vendéen« und schließlich als »Petit Basset Griffon Vendéen«. Der Grund war, dass die Hasenjäger dieser Gegend sich einen Hund wünschten, der weniger schnell als der Grand Griffon und der Briquet war. Deshalb züchteten sie die kleineren Varietäten: den Grand Basset Griffon Vendeén und – wie bereits erwähnt – im letzten Jahrhundert dann den Petit Basset Griffon Vendéen.

Basset Fauve de Bretagne: Frankreich

Eigenschaften:

- Wach- und Schutztrieb:
- Lauf- und Bewegungsbedürfnis:
- Tendenz zum Jagen und Hetzen:
- Jagdgebrauchshund:
- Menschenfreundlich:
- Familientauglich und gesellschaftsverträglich:
- Erziehbarkeit:
- Eignung für Senioren:

Arbeitsanlagen:

- Sportbegeistert
- Begleiter

Basset Fauve de Bretagne

Anlagen und Bedürfnisse

Dieser sympathische kleine Basset ist ein naher Verwandter der Laufhunde aus der Vendée (Frankreich). Fauve ist der französische Begriff für die fahlrote Fellfarbe, die diesen pflegeleichten Niederlaufhund kennzeichnen. Er ist ein draufgängerischer, ausdauernder Jagdgebrauchshund, dem Dackel nicht ganz unähnlich, aber etwas höher auf den Läufen. Er hat ein raues Haarkleid, das ihn vor dornigem, dichtem Gestrüpp schützt. Sein langgezogenes, sonores Bellen zeichnet ihn als typischen Laufhund aus. Man nennt dieses Lauten in Jägerkreisen »Das Geläute der Meute!«. Eingesetzt werden diese Bassets in der Vierermeute, auf der Jagd nach Hase, Reh, Fuchs und Dachs. Der Basset Fauve ist aber ebenso ein verträglicher ausgezeichneter Begleiter des Menschen in der Familie im Alltag, obwohl er (bedingt durch seinen Jagdtrieb) öfters an der Leine laufen muss.
Widerristhöhe: 32 bis 38 cm.

Rassegeschichte

Seinen Ursprung hat der Basset Fauve de Bretagne an der Westküste Frankreichs, in der zauberhaften Landschaft der Bretagne. Dort ist er als tüchtiger Jagdhund seit dem 18. Jahrhundert bekannt und beliebt. Er hat die gleichen Vorzüge wie die Rasse, von der er ursprünglich abstammt, dem Griffon Fauve de Bretagne. Allmählich interessierte sich in den letzten 20 Jahren die Jägerschaft in anderen europäischen Ländern für diesen liebenswürdigen und fähigen Hund, gleichzeitig etablierte er sich auch als lebhafter Familienhund.

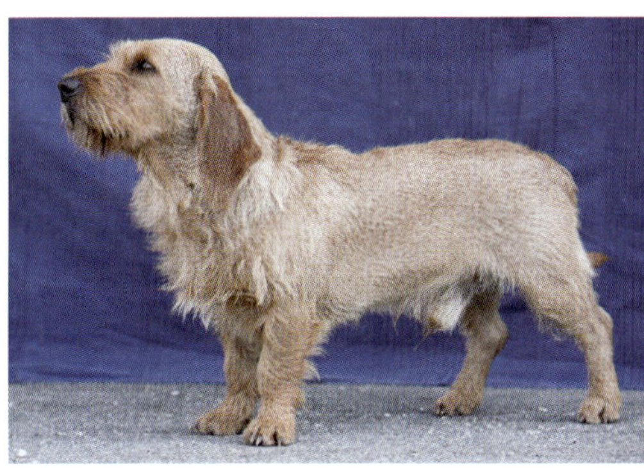

English Foxhound: Großbritannien
Poitevin: Frankreich

- Meutehunde sind schwierig als Einzelhunde zu halten, denn sie lassen sich in der Regel nicht gut in der Familie integrieren.

English Foxhound

Poitevin

In den ländlichen Gebieten Englands und Frankreichs ist die Tradition der Meutejagd als altes Kulturgut tief verwurzelt. Schon im 11. Jahrhundert eroberten die Normannen die britischen Inseln und mit ihnen kam auch die Parforcejagd nach französischem Vorbild auf die Insel.
Bei der Hetzjagd rennen die Hunde vor den Pferden und hetzen den Fuchs, der am Ende grausam zerfetzt wird.
In Deutschland, wo die Hetzjagd auf lebende Tiere seit langem verboten ist, wird in verschiedenen Gebieten die »Schleppjagd« ausgeübt. Pferde und Meuten verfolgen eine künstliche Fährte. Im Mittelpunkt des Geschehens steht die Geschicklichkeit, mit welcher die Reiter Gräben, Hecken und Bäche zu überwinden vermögen. Allen voran die lautende Meute.
Seit 2006 ist auch in Großbritannien die Parforcejagd verboten. Es wehrten sich nicht nur Tierschützer gegen diese Art der Jagd auf den Fuchs, auch die Oberschicht geriet ins Kreuzfeuer der Kritik. Denn die Hetzjagd mit den schnellen Pferden war ja vor allem das Vergnügen des Adels.

Einer dieser Meutehunde ist der **English Foxhound**, der nur für die Parforcejagd gezüchtet wurde. Die Rasse hat Ausdauer, ist wendig und kraftvoll. Diese wunderschöne Bracke mit dem hübschem Kopf und dem freundlichen Wesen ist in der Familie kaum zu halten, denn niemand kann ihren Anlagen gerecht werden. Das Haarkleid ist kurz, anliegend in den typischen Houndfarben Schwarz, Weiß, Braun.
Widerristhöhe: von 58 bis 64 cm.

Ein französischer Meutehund für die Parforcejagd ist der **Poitevin** aus Poitou. Ebenfalls ein friedfertiges, liebenswertes Tier, niemals aggressiv gegen Menschen, aber an ein Leben in der Meute gewöhnt.
Diese uralte Bracke war praktisch ausgestorben und konnte im Anfang des 20. Jahrhunderts mit drei Hunden wieder aufgebaut werden.
Widerristhöhe: 60 bis 72 cm.

Alpenländische Dachsbracke

Anlagen und Bedürfnisse

Diese Jagdgebrauchshunde haben herausragende Eigenschaften: feine Nase, Spurlaut, Spurwille, Fährtentreue und Wildschärfe. Es sind robuste, starke Hunde, die mit Passion bei der Sache sind.

Bei einer entsprechenden Ausbildung zeigt die **Alpenländische Dachsbracke** gute Leistung in der Schweißarbeit, weshalb sie bei den Schweißhunden eingereiht wurde. Die Kernaufgabe ist aber nach wie vor die des Brackierens. Das kräftige Deckhaar hat die Farben Hirschrot, Dunkelhirschrot, Schwarz mit rostrotem Brand (Vieräugel). Widerristhöhe: 34 bis 42 cm.

Der **Hannoversche Schweißhund** (ohne Bild) stammt vom alten Leithund (ursprünglicher schwerer Bluthund) ab, dessen Aufgabe es war, das Wild aufzuspüren. Mit der Einführung der Schusswaffe änderten sich die Bedürfnisse der Jäger, jetzt brauchten sie einen Hund, der zuverlässig totes oder angeschossenes Wild suchte. Der Hannoversche Schweißhund ist ein absoluter Spezialist in seinem Fach. Dichtes, glattes und glänzendes Fell in den Farben Graubraun, Rotbraun, Rotgelb, Ockergelb, Braun, Schwarz gestromt.
Widerristhöhe: 48 bis 55 cm.

Der **Bayerische Gebirgsschweißhund** ist ebenfalls ein Spezialist für die Nachsuche. Da er etwas leichter gebaut ist, eignet er sich besonders für die felsige Gebirgslandschaft, wo er sich wendig und sicher fortbewegt. Haarkleid dicht, mäßig rau in den Farben Tiefrot, Hirschrot, Rotbraun, Rotgelb, Ockergelb oder Falb. Widerristhöhe 44 bis 52 cm.

Bayerischer Gebirgsschweißhund

Schweißhunde

Alpenländische Dachsbracke: Österreich
Hannoverscher Schweißhund: Deutschland
Bayerischer Gebirgsschweißhund: Deutschland

Eigenschaften:

- Wach- und Schutztrieb: 🐾🐾🐾🐾
- Lauf- und Bewegungsbedürfnis: 🐾🐾🐾🐾
- Tendenz zum Jagen und Hetzen: 🐾🐾🐾🐾🐾
- Jagdgebrauchshund: 🐾🐾🐾
- Menschenfreundlich: 🐾🐾🐾🐾
- Familientauglich und gesellschaftsverträglich: 🐾🐾🐾🐾
- Erziehbarkeit: 🐾🐾🐾🐾
- Eignung für Senioren: 🐾🐾🐾

Rassegeschichte

Alle Brackenarten gehen auf die Keltenbracken zurück, die schon im vorchristlichen Zeitalter als Spürhunde gebraucht wurden. Ihre hervorragende Nasenleistung, die sie als Spürhunde an den Tag legten, nutzte die Jägerschaft für die Nachsuche. Lange haben sich die Kynologen um den Ursprung der Dachsbracke gestritten. Die einen hielten sie für eine Kreuzung zwischen Dachshund und Laufhund. Deutsche und österreichische Kynologen wehrten sich: Für sie war die Dachsbracke eine sehr alte eigene Brackenart, die bereits im vorletzten Jahrhundert verwendet wurde. Der Bayerische Gebirgsschweißhund wurde aus einem Hannoverschen Rüden mit einer Tiroler Brackenhündin entwickelt. Es wird nur bei Nachfrage gezüchtet und Welpen dieser Rassen werden nur an Jäger abgegeben.

Vorstehhunde

Die kontinentalen Vorstehhunde stammen ebenfalls von den Bracken ab. Britische Vorstehhunde sind Nachfahren der alten Vogelhunde. Generell wurden jene Bracken oder Vogelhunde, die eine Veranlagung zum Vorstehen zeigten, weiterentwickelt. Diese schnellen Hunde mit der feinen Nase suchen weiträumige Gebiete ab, bis sie Federwild wittern, das sie dem Jäger durch ihre verharrende Haltung, mit erhobenem Vorderlauf oder in sitzender Stellung (Setter engl. »to sit«) deutlich anzeigen. Wenn der Schütze nahe genug ist, springt der Hund auf Befehl ein und das Federvieh fliegt auf. Einige Vorstehhunde sind Allrounder, denn sie werden für verschiedene Aufgaben eingesetzt – auch nach dem Schuss – entweder zum Apportieren oder für die Nachsuche.

Deutsch Kurzhaar

Anlagen und Bedürfnisse

Bei den drei Vertretern dieser kontinentalen Vorstehhunde ist jeder eine eigene Rasse und nicht etwa eine Haarvarietät.

Von einem Vorstehhund wird erwartet, dass er bei einem Fasan ruhig verharrt, bis der Jäger herantritt und das Wild aufscheucht, um es zu schießen. Daraufhin muss der Hund das tote Federwild apportieren. Der Körperbau dieser Hunde ist dementsprechend wendig und athletisch.

Der **Deutsch Kurzhaar** ist ein pflegeleichter, robuster Alleskönner. Neben seiner ursprünglichen Arbeit, der Suche mit hoher Nase in Feld und Wald und dem verlässlichen Vorstehen, bringt er auch auf der Schweißfährte gute Leistungen: Er tut waidwundes Wild ab und zeigt Raubzeugschärfe. Dazu ist er äußerst lernbegierig in einer optimalen Kombination von Jagdpassion und Zuneigung zu seinem Führer. Sein Fell ist glatthaarig in den Farben Braun oder Schwarz, Braun- oder Schwarzschimmel in verschiedenen Nuancen, oder Weiß gesprenkelt, mit oder ohne Platten.
Widerristhöhe: 62 bis 66 cm.

Der **Deutsch Drahthaar** ist eine jüngere Entwicklung und erst gegen Ende des 18. Jahrhunderts entstanden. In seiner Ahnentafel finden wir französische Wasserhunde, Griffons und den italienischen Spinone. Um einen beweglichen, schnellen Hund zu erhalten und auch um seine Nasenleistung zu verbessern, wurde der English Pointer eingekreuzt. Der Drahthaar ist ein Hund für »alle Fälle«, überaus passioniert, temperamentvoll und loyal, aber er braucht eine konsequente Erziehung.
Farben: Braun, Braunschimmel mit oder ohne Platten oder Schwarzschimmel mit oder ohne Platten, Hellschimmel.
Widerristhöhe: 61 bis 68 cm.

Deutsch Drahthaar

Deutsch Kurzhaar: Deutschland
Deutsch Drahthaar: Deutschland
Deutsch Langhaar: Deutschland

Eigenschaften:

- Wach- und Schutztrieb: 🐾🐾🐾🐾
- Lauf- und Bewegungsbedürfnis: 🐾🐾🐾🐾
- Tendenz zum Jagen und Hetzen: 🐾🐾🐾
- Jagdgebrauchshund: 🐾🐾🐾🐾🐾
- Menschenfreundlich: 🐾🐾🐾
- Familientauglich und gesellschaftsverträglich: 🐾🐾🐾
- Erziehbarkeit: 🐾🐾🐾🐾
- Eignung für Senioren: Wird in der Regel nur an Jäger abgegeben.

Arbeitsanlagen:

- Vorstehen, Apportieren, Schweißfährte

Der **Deutsch Langhaar** ist seltener anzutreffen. Sein Wesen und seine Herkunft sind anders als bei seinen deutschen Brüdern, seine Leistung hingegen ist vergleichbar. Der langhaarige Vorstehhund wurde aus den spaniel- und setterartigen Vogelhunden entwickelt. Er ist ein eleganter, vielseitiger Jagdgebrauchshund, der auch an Ausstellungen brilliert. Seine Stärke ist die Arbeit auf der Schweißfährte, aber auch die Wasserarbeit liegt ihm sehr.
Unter der Voraussetzung, dass dieser Jagdhund artgerechte Arbeit erhält, ist er ein prima Kumpel auch in der Familie. Hat ein Hund am Tag gut gearbeitet, ist er am Abend ruhig und glücklich im Hause. Farben: Braun einfarbig oder Braun-Weiß.

Rassengeschichte

In der Literatur heißt es, die Vorstehhunde seien aus den Laufhunden, also Bracken, hervorgegangen, und zwar aus jenen, die eine Veranlagung zum Vorstehen zeigten. Durch gezielte Zuchtauswahl versuchte man diese angeborene Eigenschaft zu verstärken, um damit Hunde zu erhalten, die beharrlich innehielten. Zur Zeit ihrer Entstehung im 17. Jahrhundert war die Jagd als Nahrungsquelle von großer Bedeutung. Die Jägerschaft in Deutschland wollte Rassen entwickeln, die zu verschiedenen Aufgaben befähigt waren.

Deutsch Langhaar

Kleiner Münsterländer

Anlagen und Bedürfnisse

Seine Erscheinung ist elegant und kraftvoll, sein Haarkleid lang, dicht, seidig und stark befedert in den Farben Schwarz-Weiß und Blauschimmel. Die jagdlichen Eigenschaften des **Großen Münsterländers** sind beachtlich, er jagt kurz unter der Flinte, steht vor, stöbert und apportiert. Außerdem ist er methodisch in der Suche und zuverlässig auf der Wundfährte. Er scheut weder Moor noch Sumpf und arbeitet auf dem Land wie auch im Wasser ausgezeichnet. Er liebt seine Leute über alles, fühlt sich aber nur in der Familie eines Jägers richtig wohl, wo er auch die entsprechende jagdliche Beschäftigung bekommt.
Widerristhöhe: 58 bis 65 cm.

Der **Kleine Münsterländer** mit seinen typischen braun-weiß gefleckten Farben ist der kleinste deutsche Vorstehhund und wird hauptsächlich von den westfälischen Bauern und Jägern gehalten. Er hat ein fröhliches Wesen, ist tolerant und anpassungsfähig. Allerdings werden auch diese Welpen am liebsten in Jägerfamilien abgegeben.
Widerristhöhe: 50 bis 56 cm.

Großer Münsterländer

Kleiner Münsterländer: Deutschland
Großer Münsterländer: Deutschland

Eigenschaften:

- Wach- und Schutztrieb:
- Lauf- und Bewegungsbedürfnis:
- Tendenz zum Jagen und Hetzen:
- Jagdgebrauchshund:
- Menschenfreundlich:
- Familientauglich:
- Gesellschaftsverträglich:
- Erziehbarkeit:
- Eignung für Senioren:

Arbeitsanlagen:

- Vorstehen, Apportieren, Schweißfährte

Rassegeschichte

Noch zu Beginn des 19. Jahrhunderts waren die langhaarigen Vorstehhunde alle sehr unterschiedlich. Diese Rassen – die langhaarigen nannte man Hühnerhunde, die kurzhaarigen schlicht Jagdhunde – galten damals nicht als eigenständige Rasse, sie wurden durcheinander gekreuzt. Lange Zeit galt der Große Münsterländer als schwarz-weiße Spielart des langhaarigen Deutschen Vorstehhundes. Der »Verein Deutsch Langhaar« verlangte jedoch klare Rassekennzeichen für alle deutschen Jagdhunde, worauf die Kommission die schwarz-weiße Version endgültig aus dem Standard strich. Glücklicherweise hatten westfälische Jäger eine Vorliebe für diesen begabten Jagdhund, der ebenso zuverlässig auch Vieh und Gut bewachte. So wurde der schwarz-weiße Münsterländer zu einer eigenen Rasse erhoben.

Der Kleine Münsterländer stammt vom Heidewachtelhund ab, ist also nicht die kleine Version des Großen Münsterländers. Diese langhaarigen Hunde tragen alle die Merkmale eines spanielartigen Jagdhundes, der übrigens in ganz Deutschland eine große Anhängerschaft hat.

Magyar Vizsla

Anlagen und Bedürfnisse

Die große Anpassungsfähigkeit und ihre Eleganz ließen diese Jagdhunde Einzug in städtische Wohnungen halten; denn ihrem Wesen nach sind sie dankbar für eine gute Behandlung, sind anhänglich und treu. Diesen Eigenschaften ist es zu verdanken, dass der Magyar Vizsla einer der wenigen kontinentalen Vorstehhunde ist, der auch als Familienhund gilt. Es ist den verantwortungsvollen Züchtern in Deutschland und Ungarn gelungen, die jagdlichen Eigenschaften zu bewahren. Zur Gesunderhaltung gehört aber auch eine sinnvolle Beschäftigung. Da dieser Hund sich vermehrt großer Beliebtheit unter Nichtjägern erfreut, sollte man nebst den täglichen Spaziergängen für eine abwechslungsreiche Betätigung sorgen. Dazu eignen sich viele Hundesportarten in Gebrauchs- und Sporthundedisziplinen, und wie die Erfahrung zeigt, steht der Vizsla an Prüfungen in vorderen Rängen.

Aber der Vizsla bleibt ein Jagdhund: leichtführig, mit ausgeprägtem Finderwillen, einer feinen Nase und sehr viel Ausdauer. Sei dies bei der Feldarbeit, beim Finden und Vorstehen von Federwild, aber

Magyar Vizsla: Ungarn

Eigenschaften:

- Wach- und Schutztrieb: 🐾 🐾 🐾
- Lauf- und Bewegungsbedürfnis: 🐾 🐾 🐾 🐾
- Tendenz zum Jagen und Hetzen: 🐾 🐾 🐾
- Jagdgebrauchshund: 🐾 🐾 🐾
- Menschenfreundlich: 🐾 🐾 🐾
- Familientauglich und gesellschaftsverträglich: 🐾 🐾 🐾
- Erziehbarkeit: 🐾 🐾 🐾
- Eignung für Senioren: 🐾

Arbeitsanlagen:

- Sportbegeistert
- Begleiter

auch nach dem Schuss beim Verlorenbringen von angeschossenem oder totem Wild. Da er keine Aggressivität an den Tag legt, sondern ein feinfühliger Kamerad ist, wird ihm oftmals mangelnde Härte vorgeworfen. Zu Unrecht, denn im jagdlichen Einsatz ist er sehr wohl im Stande, Rehwild niederzureißen oder gar verwundetes Rotwild zu stellen. Natürlich wird er auch erfolgreich auf der Schweißfährte eingesetzt. Es gibt den Magyar Vizsla in zwei Varietäten: Kurzhaar und Drahthaar in verschiedenen Schattierungen von Semmelgelb. Dem Drahthaar Vizsla wird nachsagt, dass er über mehr Jagdpassion und Härte verfüge als der kurzhaarige Vizsla.
Widerristhöhe: 54 bis 64 cm.

Rassegeschichte

Vermutlich beginnt seine Geschichte bereits im 9. Jahrhundert, als die Nomaden im Karpatenbecken (heutigem Ungarn) sesshaft wurden. Einzelner Aufzeichnungen gemäß wurde dieser gelbe Jagdhund im späten Mittelalter auch für die Falknerei verwendet.
Sein heutiges Erscheinungsbild hat er vermutlich im 19. Jahrhundert erhalten, als der Englische Pointer, der Irische und Englische Setter und der Deutsch Kurzhaar Vorstehhund eingekreuzt wurden. Zwei Weltkriege und der Aufstand 1956 in Ungarn fügten der Entwicklung der Rasse großen Schaden zu; denn viele edle Jagdhunde mussten ihr Leben lassen. Mit der anschließenden Flüchtlingswelle verbreitete sich der Vizsla aber über ganz Europa und in den USA.

Irish Red and White Setter

Anlagen und Bedürfnisse

Die elegante Kraft, die edle Erscheinung und der freundliche Ausdruck – das sind die Attribute, die den Setter berühmt gemacht haben. Seine Vorfahren gehören zu den ältesten Jagdhunderassen, denn schon im frühen Mittelalter sind Vogelhunde beschrieben worden, die für die Jagd auf Federwild spezialisiert waren. Die Art und Weise wie der Hund bei Witterung von Wild innehielt und sich duckte, gab ihm den Namen: »Setting dog« oder Setter. Dieser Hund hat noch andere Eigenschaften: Eine gute Nase, Lernwillen, ein fröhliches Wesen und viel Temperament. Aber er ist und bleibt ein Feldhund und als solcher wird er jede Gelegenheit wahrnehmen, um Vögel zu fixieren und vorzustehen. Zudem lebt er seinen großen Bewegungsdrang leichtfüßig in weiten Runden. Fazit: Ein Setter muss beschäftigt werden! Dazu gibt es viele Alternativen zur Jagd im Hundesport, was für Meister und Hund eine Bereicherung darstellt.

Der **English Setter** ist ein Vorstehhund mit »Turbo-Antrieb«, er ist geschaffen für unendlich weite Felder, die er in rasendem Tempo nach Wild absucht.

FCI Gruppe 7

English Setter: Großbritannien
Gordon Setter: Großbritannien
Irish Red Setter: Irland
Irish Red and White Setter: Irland

Eigenschaften:

- Wach- und Schutztrieb: 🐾🐾
- Lauf- und Bewegungsbedürfnis: 🐾🐾🐾🐾🐾
- Tendenz zum Streunen, Jagen und Hetzen: 🐾🐾🐾🐾🐾
- Jagdgebrauchshund: 🐾🐾🐾
- Menschenfreundlich: 🐾🐾🐾🐾
- Familientauglich und gesellschaftsverträglich: 🐾🐾🐾
- Erziehbarkeit: 🐾🐾🐾
- Eignung für Senioren: 🐾

Arbeitsanlagen:

- Helfer des Menschen
- Sportbegeistert, Obedience
- Begleiter

Irish Red Setter

English Setter

Ein zuverlässiger Vorstehhund mit viel Lebhaftigkeit und Kraft, aber auch ein sympathischer Familienhund.
Sein Fell ist Schwarz-Weiß, Orange-Weiß, Zitronenfarben und Weiß, Leberbraun und Weiß, oder: Belton (Tüpfelung in allen vier Kombinationen) und dreifarbig (Blue Belton mit Loh, Liver Belton mit Loh).
Widerristhöhe: 61 bis 68 cm.

Der **Red and White Irisch Setter** ist der ruhigere von den Irischen Settern und vermutlich

die Urform. Sein seidiges, mittellanges Haarkleid ist weiß mit roten Flächen.
Widerristhöhe: 57 bis 61 cm.

Rassegeschichte

Die alten Vogelhunde waren immer bunt, die einen neigten eher zum Stöbern, die anderen zum Verharren, diese nannte man »Setting Spaniel«. Im Laufe der Jahrhunderte entstanden durch gezielte Auswahl der Hunde mit den entsprechenden Anlagen zweierlei Spaniels: entweder Stöberer oder Vorstehspezialisten. Man vermutet allerdings, dass der Spanische Pointer, als absoluter Anzeigespezialist (to point), im Settererbe vorhanden ist. Ende des 19. Jahrhunderts soll es in Großbritannien verschiedene Stämme gegeben haben, denn jeder Landlord züchtete seinen eigenen Schlag. Auch ist unklar, wann die Trennung nach Haarfarbe erfolgte. Es war demnach Geschmacksache, weshalb in England der weiße Setter mit Tüpfelfärbung beliebt war, in Schottland eher der schwarze-braune Typ und die Iren mochten offenbar vermehrt den rotweißen oder roten Setter.

Gordon Setter

Weimaraner (Kurzhaar): Deutschland

Eigenschaften:

- Wach- und Schutztrieb: 🐾 🐾 🐾 🐾 🐾
- Lauf- und Bewegungsbedürfnis: 🐾 🐾 🐾 🐾
- Tendenz zum Jagen und Hetzen: 🐾 🐾 🐾
- Jagdgebrauchshund: 🐾 🐾 🐾 🐾 🐾
- Menschenfreundlich: 🐾 🐾
- Familientauglich und gesellschaftsverträglich: 🐾 🐾
- Erziehbarkeit: 🐾 🐾 🐾 🐾
- Eignung für Senioren:

Arbeitsanlagen:

- Helfer des Menschen
- Sportbegeistert: Begleithund, Schutzhund, Sanitätshund
- Begleiter

Weimaraner (Kurzhaar)

Anlagen und Bedürfnisse

Dieser elegante Jagdhund erfreut sich heutzutage einer großen Verbreitung in ganz Europa, und ganz besonders in den USA. Er bestich nicht nur durch seiner edle Farbe, sondern vor allem durch seine jagdlichen Vorzügen: die hervorragende Nase und die Führigkeit. Schon zu Beginn der Zucht legte man außerdem großen Wert auf den Schutztrieb, denn dem Weimaraner wurden auch Aufgaben als Wachhund mit Mannschärfe auferlegt. Dieser Vorstehhund wird in der Regel nur an Jäger abgegeben, obgleich sich viele diesen eleganten Hund als dekorativen Begleiter wünschen. Beim Weimaraner gibt es die zwei Varietäten kurzhaarig und langhaarig. Das silberfarbene Haarkleid beider Typen muss gelegentlich gebürstet werden.
Widerristhöhe: 57 bis 70 cm.

Weimaraner (Langhaar)

Rassegeschichte

Der Weimaraner Vorstehhund ist die älteste in Deutschland gezüchtete Vorstehhunderasse. Am Hofe des Fürsten in Weimar, wo auch Goethe lebte, sind diese Vorstehhunde gezüchtet worden. Die Zucht der Weimaraner in Mitteldeutschland lag fast ausschließlich in den Händen von Berufsjägern und Förstern, die ihre Zuchttiere hinsichtlich der Leistung selektierten. Gehalten wurden sie dann aber vom Adel, wie aus diversen Gemälden aus früheren Jahrhunderten hervorgeht, so zum Beispiel das Bildnis des holländischen Meisters Anthonys van Dyck (1631) »Der Prinz Rupert von der Pfalz mit dem silbernen Jagdhund«. Das Leithundblut, das in seinen Adern fließt, befähigt ihn zu vielseitigen jagdlichen Aufgaben. Eine seiner Stärken ist denn auch die Arbeit nach dem Schuss, das Finden und Nachsuchen von verletztem oder totem Wild.

Epagneul Breton

Epagneul Breton: Frankreich

Eigenschaften:

- Wach- und Schutztrieb: 🐾🐾🐾🐾🐾
- Lauf- und Bewegungsbedürfnis: 🐾🐾🐾🐾🐾
- Tendenz zum Jagen und Hetzen: 🐾🐾🐾
- Jagdgebrauchshund:
- Menschenfreundlich: 🐾🐾
- Familientauglich und gesellschaftsverträglich: 🐾🐾
- Erziehbarkeit: 🐾🐾🐾🐾
- Eignung für Senioren: nein

Arbeitsanlagen:

- Helfer des Menschen: Therapiehund
- Sportbegeistert: alle Hundesportarten
- Begleiter

Anlagen und Bedürfnisse

Der **Epagneul Breton** ist ein kleiner französischer Jagdgebrauchshund mit ausgeprägten Vorstehhundeigenschaften. Er apportiert freudig, liebt die Wasserarbeit, ist ein zuverlässiger Verlorenbringer und wird für anspruchsvolle Schweißarbeit ausgebildet. In Frankreich unbestritten die Nummer eins der Jagdhunderassen. Trifft man auf eine Gruppe parlierender Jäger, steht mindestens ein »Breton« dabei. Dieses kleine Multitalent vermag auch in anderen Sparten zu brillieren. Den vorzüglichen Spürsinn macht sich die Polizei zu Nutzen und bildet ihn als Drogenhund aus. Dank seiner Vielseitigkeit und Zuverlässigkeit ist er ein beliebter Sporthund für Obedience und Agility. Ein Hund also für fitte Leute, mit sportlichen Ambitionen. Das Haarkleid ist mittellang, fein und weich in den Farben Weiß-Orange, Weiß-Schwarz, dreifarbig.
Widerristhöhe: 47 bis 51 cm.

Rassegeschichte

Der Epagneul Breton stammt aus der Stadt Pontou und ist mit dem Epagneul Français verwandt, der in ganz Frankreich schon im Mittelalter bekannt war. Beide Hunde stammen von den alten Vogelhunden ab und sind regional unterschiedlich weitergezüchtet worden. Seit dem Mittelalter gab es zahlreiche Darstellungen auf alten Liederhandschriften von kleinen spaniel- und brackenartigen Hunden. In späteren Jahrhunderten waren sie auf edlen Stickereien, auf Gemälden französischer Meister und auf vielen Zeichnungen abgebildet. Sie alle gleichen dem Bretonischen Spaniel. Zu Beginn des 19. Jahrhunderts gab es dann viele regionale Schläge und schließlich wurde 1907 in Frankreich ein erster Rassestandard für den Bretonischen Spaniel erstellt. Obwohl er dem englischen Typ Spaniel sehr ähnlich sieht, ist er kein Stöberhund, sondern ein Vorstehhund im klassischen Sinn. Weltweit ist er der meist geführte Jagdgebrauchshund, allein in den USA werden jährlich 20 000 Welpen eingetragen.

English Pointer

Anlagen und Bedürfnisse

English Pointer: »To point« heißt auf Deutsch »zeigen«, daher der Name Pointer. Dieser englische Vorstehhund zeigt verharrend das sich versteckende Niederwild an. Zuerst sucht der athletische, elegante Hund in rasendem Galopp weiträumiges Gelände nach Niederwild ab. Der Pointer eignet sich als Familienhund mäßig, obwohl er einen umgänglichen, freundlichen Charakter hat, denn für seine Art braucht er unendliche Weiten, um großräumig zu arbeiten. Ihm das zu bieten, ist schwierig. Der Pointer ist ein Spezialist und kein vielseitig einsetzbarer Jagdhund. Gemäß Angaben in der Literatur soll er bei der Entstehung des Deutsch Kurzhaar beteiligt gewesen sein.
Sein Haarkleid ist kurz und glatt in den Farben: Weiß mit gelben, orangen, leberfarbenen oder schwarzen Flecken.
Widerristhöhe: 63 bis 69 cm.

Der italienische **Spinone** wird als vielseitiger Jagdhund eingesetzt. Noch bis vor wenigen Jahren war er in anderen Ländern kaum bekannt. Als guter Vorstehhund für jede Art von Gelände geeignet, sucht er in moderatem Trab. Ein angenehmer Hund, der sich mit anderen Rassen gut verträgt und dessen Wesen tolerant und freundlich ist. Er hat pflegeleichtes, dickes, drahtiges Stichelhaar in den Farben Weiß mit orangefarbenen Abzeichen.
Widerristhöhe: 63 bis 68 cm.

English Pointer: Großbritannien
Spinone (Spinone Italiano): Italien

Eigenschaften:

- Wach- und Schutztrieb: 🐾🐾🐾🐾🐾
- Lauf- und Bewegungsbedürfnis: 🐾🐾🐾🐾🐾
- Tendenz zum Jagen und Hetzen: 🐾🐾🐾🐾🐾
- Jagdgebrauchshund: 🐾🐾🐾🐾🐾
- Menschenfreundlich: 🐾🐾🐾🐾🐾
- Familientauglich und gesellschaftsverträglich: 🐾🐾🐾🐾🐾
- Erziehbarkeit: 🐾🐾🐾🐾🐾
- Eignung für Senioren: 🐾🐾🐾🐾🐾

Arbeitsanlagen:

- Helfer des Menschen
- Sportbegeistert: Pointer Agility; Spinone: Mantrailing

Rassegeschichte

Über den Ursprung des **Pointer** wird viel spekuliert. Er wird jedenfalls in England schon seit dem 17. Jahrhundert gezüchtet und soll gemäß Historikern eine Kreuzung vom alten spanischen Pointer mit Englischen Bracken sein.
Der **Spinone** ist eine alte italienische Jagdhunderasse. In der Renaissance wird ein »Griffon« als vielseitiger, derber Jagdhund beschrieben, der vermutlich ein Vorfahre des heutigen Spinone ist. Denn das Wort »Spina« heißt auf italienisch Dorn, Stachel und könnte ein Hinweis auf das stachelige Haarkleid sein.

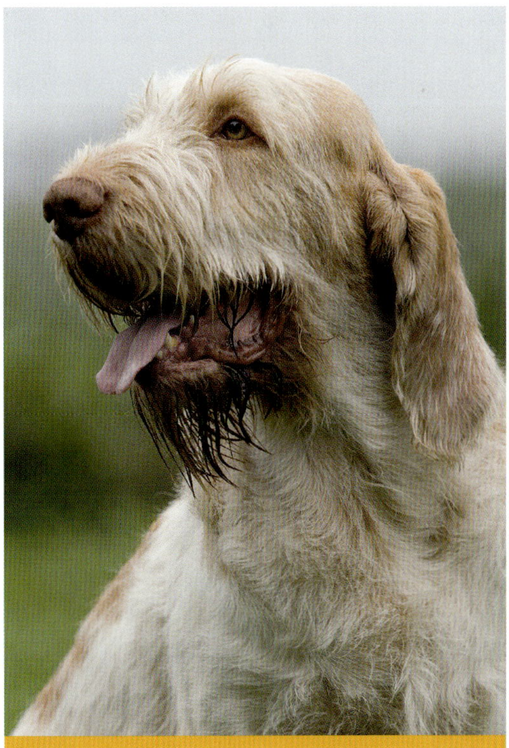

Spinone (Spinone Italiano)

Apportier-, Stöber- und Wasserhunde

Colonel Peter Hawker, der im 18. Jahrhundert auf seinen Kabeljau-Fahrten regelmäßig das Küstengebiet von Neufundland umsegelte, beschreibt in seinen Aufzeichnungen, wie er einen Hundetyp in der St. John's Bucht bei der Arbeit beobachtete. Er nannte ihn deshalb St. John's Hund. In der folgenden Zeit brachte er etliche dieser tüchtigen Tiere nach Großbritannien, wo sie bei den Jägern äußert beliebt wurden, da sie die Arbeit ihrer Vorstehhunde bestens ergänzten. Ende des 19. Jahrhunderts, als keine Hunde mehr aus Neufundland auf die Britischen Inseln kamen, wurde mit dem vorhandenen Bestand weitergezüchtet. Diese Hunde hatten die Veranlagung, verletztes oder totes Wild zu suchen und zu bringen, »to retrieve«. So kamen sie zum Namen »Retriever«.

Stöberhunde werden in Wald und Feld zum Auffinden und Aufscheuchen von Wild eingesetzt. Es sind im Gegensatz zu den Laufhunden eher Kurzjäger und stammen meistens von den alten Vogelhunden ab.

Wasserhunde waren seit je an vielen Küsten Europas beheimatet. Die kraushaarigen Hunde wurden seit Urzeiten für die Wasserjagd gebraucht, für die Arbeit an der Herde, aber auch als Helfer der Fischer. Vermutlich sind sie aus dem alten Persien durch die Phönizier nach Rom gebracht worden.

Labrador Retriever

Anlagen und Bedürfnisse

Wenn es den Labrador Retriever nicht gäbe, müsste er sofort erfunden werden: Einstmals ein tüchtiger Helfer der Fischer in Neufundland, ist er heute nicht nur weltweit eine der bekanntesten Rassen, sondern auch einer der beliebtesten Familienhunde überhaupt. Ein herausragendes Merkmale beim Labrador ist sein Wesen: Gegenüber Menschen und Artgenossen tolerant, ist er frei von jeder Aggression, ein Menschenfreund und hingebungsvoller Begleiter. Der Labrador hat viel »Will to please«, er möchte seinem Meister gefallen, kein Wunder, steht er an erster Stelle auf der Liste derjenigen Rassen, die als Blindenführhunde ausgebildet werden. Auf der anderen Seite ist der Labrador aber auch ein überaus aktiver Retriever, ein Jagdhund mit feinster Nase, Ausdauer und Durchhaltevermögen. Er wird auch auf Schweiß, als Drogen-, Sprengstoffsuch-, und Therapiehund eingesetzt. Das Fell des Labradors ist stockhaarig und dicht mit wasserdichter Unterwolle in den Farben Schwarz, Gelb und Braun.
Widerristhöhe: 53 bis 57 cm.

Rassegeschichte

Colonel P. Hawker brachte um 1800 etliche Tiere von Neufundland nach Großbritannien, wo man ihre Tüchtigkeit vor allem bei der Wasserjagd, aber auch auf dem Land, enorm schätzte, insbesonde-

Labrador Retriever: Großbritannien

Eigenschaften:

- Wach- und Schutztrieb: 🐾🐾🐾
- Lauf- und Bewegungsbedürfnis: 🐾🐾🐾
- Tendenz zum Jagen und Hetzen: 🐾🐾
- Jagdgebrauchshund: 🐾🐾🐾🐾🐾
- Menschenfreundlich: 🐾🐾🐾🐾🐾
- Familientauglich und gesellschaftsverträglich: 🐾🐾🐾🐾🐾
- Erziehbarkeit: 🐾🐾🐾🐾🐾
- Eignung für Senioren: 🐾🐾🐾

Arbeitsanlagen:

- Helfer des Menschen: Blindenführhund, Sanitätshund, Suchhund, sportbegeistert, Dummysport,
- Begleiter

re für die Apportierarbeit neben dem Setter und Pointer auf der Niederwild- und Vogeljagd. Allerdings brachen 1895 die Importe aus Neufundland abrupt ab, weil England das bis vor kurzem gültige Quarantänegesetz erließ.
Bekannte Adelsleute, wie beispielsweise Lord Malmesburry, förderten die Zucht des Labrador Retrievers. Diese Züchter bürgten auch für die Reinzucht, was die Tatsache beweist, dass sich seit der Mitte des 19. Jahrhunderts der Typ des Labradors nur unwesentlich verändert hat. Beim Labrador gibt es zwei Zuchtlinien. Obwohl der Standard für beide gleichermaßen Gültigkeit hat, ist das Erscheinungsbild heute von Arbeits- und Showlinie unterschiedlich. Wo bei der Arbeitslinie das Gewicht seit mehreren Generationen nur auf Leistung gelegt wird, selektieren Züchter bei der Schönheitslinie auf das ursprüngliche Aussehen, den stämmigeren Hundetyp. Die Trennung von Schönheits- und Arbeitslinie ist so manifest, dass es mitunter scheint, als handle es sich um zwei verschiedene Rassen.

Golden Retriever

Anlagen und Bedürfnisse

Der Golden Retriever ist einer der sechs Retrieverrassen mit den typischen Familien freundlichen Merkmalen. In der Popularitätsskala steht er ganz weit oben und gilt als idealer Familienhund. Laut Rassestandard hat er viele Vorzüge, die in der Familie gefragt sind: Er ist sanft, menschenfreundlich, tolerant und zutraulich. Seine funkelnden Augen erzählen Geschichten und sein Bemühen, zu gefallen, lässt keinen kalt. Tatsache aber bleibt, der Golden Retriever ist für die Flintenjagd gezüchtet worden und zwar als Such- und Apportierhund für totes oder verletztes Federwild. Er liebt die Arbeit im Wasser. Dank seiner Führigkeit und Zuverlässigkeit ist er auch für andere Sparten wie Begleithund, Obedience, Rettungshund oder den Dummy-Sport ein zuverlässiger Partner. Auch als Therapiehund ist der Golden Retriever begabt und sehr häufig eingesetzt.

Es ist demnach kein Stubenhocker, und ein Spaziergang neben dem Kinderwagen reicht nicht aus. Vielmehr ist er ein Hund für sportliche Leute, die viel mit ihm unternehmen, die bei Wind und Wetter im Freien sind und auch einen feuchten Hund in der Wohnung tolerieren. Der Golden Retriever hat ein glattes oder leicht welliges Haarkleid mit guter Befederung und dichter, Wasser abstoßender Unter-

wolle, das zwei Mal pro Woche gut gekämmt und gebürstet werden muss. Die Farben reichen von Crème bis dunkles Gold.
Widerristhöhe: 51 bis 61 cm.

Golden Retriever: Großbritannien

Eigenschaften:

- Wachtrieb: 🐾🐾🐾
- Lauf- und Bewegungsbedürfnis: 🐾🐾🐾🐾
- Tendenz zum Jagen und Hetzen: 🐾🐾🐾
- Jagdgebrauchshund:
- Menschenfreundlich: 🐾🐾🐾🐾
- Familientauglich und gesellschaftsverträglich: 🐾🐾🐾🐾
- Erziehbarkeit: 🐾🐾🐾🐾
- Eignung für Senioren: 🐾🐾

Arbeitsanlagen:

- Helfer des Menschen: Therapiehund
- Sportbegeistert: Hundesportarten
- Begleiter

Rassegeschichte

Über die Herkunft dieser Rasse kursieren viele Erfindungen und Spekulationen. Gesichert ist, dass sie im Norden von Schottland entwickelt wurde. Es war ein schottischer Adeliger, Lord Tweedmouth, der Mitte des vorletzten Jahrhunderts lebte und einen Jagdhund namens »Nous« besaß. Mit diesem Hund begründete er die Golden Retriever Zucht. Was auch immer behauptet wurde, wo »Nous« herkam, Klarheit schaffte erst 1953 Elma Stonex, die unangefochtene Kennerin der Golden Retriever: Sie erklärte, dass gemäß ihren Nachforschungen, »Nous« in Schottland gezüchtet worden sei und dass diese Retrieverrasse, wie der Labrador auch, seine Wurzeln in Neufundland haben.

Flatcoated Retriever

Anlagen und Bedürfnisse

Der Flatcoated Retriever (alte Schreibweise Flat Coated Retriever) ist ein Charmebündel sondergleichen, ein stolzer Hund, der über ein stabiles Nervenkostüm verfügen muss, wenn er ein richtiger Flatcoated Retriever sein will, schließlich waren seine Ahnen furchtlose, harte Arbeitshunde. Dabei besitzt er ein sensibles Wesen, Zurechtweisungen nimmt er ernst, macht dann aber vielleicht doch, was er will. Unermüdlich ist er bei jedem Ausflug dabei, sei dies in den Bergen oder im Tal. Das kleinste Bächlein oder ein Rinnsal »riecht« er auf Wanderungen schon von weitem – dann ist er nicht mehr zu bremsen; denn seine große Leidenschaft ist das Wasser. Einem Flatcoated Retriever muss etwas geboten werden! Zwei Spaziergänge pro Tag reichen dem überschäumenden Temperament nicht. Er braucht dringend eine konsequente Hand, soll er einem nicht auf dem Kopf herumtanzen. Seine große Leidenschaft ist das Apportieren, weshalb der Dummy-Sport eine gute Alternative zur Jagd ist. Er neigt mitunter dazu, ein »Besserwisser« zu sein und sich zu verselbständigen.

Allerdings hat der Flat, wie er von Liebhabern genannt wird, sowohl in England wie auch auf dem Kontinent für die Jagd an Popularität eingebüßt, vermutlich wurden zu lange die jagdlichen Fähigkeiten zu Gunsten der Schönheit vernachlässigt.

Die Pflege des Haarkleides ist aufwändig. Dieser

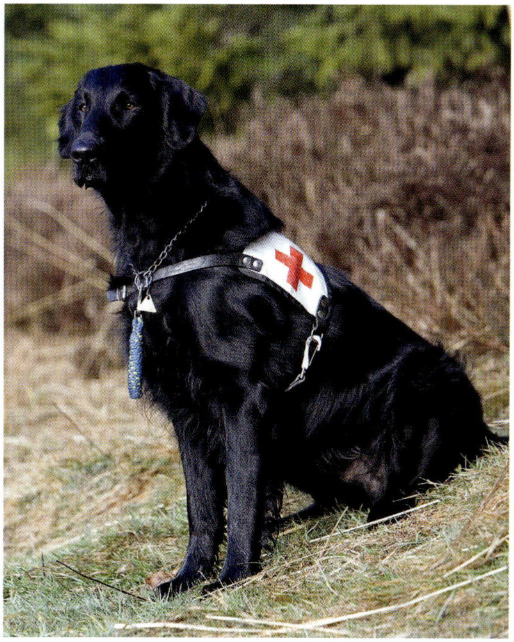

Flatcoated Retriever: Großbritannien

Eigenschaften:

- Wach- und Schutztrieb: 🐾🐾🐾🐾
- Lauf- und Bewegungsbedürfnis: 🐾🐾🐾🐾🐾
- Tendenz zum Jagen und Hetzen: 🐾🐾🐾🐾🐾
- Jagdgebrauchshund:
- Menschenfreundlich: 🐾🐾🐾🐾🐾
- Familientauglich: 🐾🐾🐾🐾🐾
- Gesellschaftsverträglich: 🐾🐾🐾🐾🐾
- Erziehbarkeit: 🐾🐾🐾
- Eignung für Senioren: 🐾🐾

Arbeitsanlagen:

- Helfer des Menschen: Therapiehund, Drogen- und Sprengstoffsuchhund
- sportbegeistert: Dummysport
- Begleiter

Hund muss regelmäßig gebürstet, gekämmt und effiliert werden, damit sich das Haar nicht verfilzt. Er kommt in den Farben Schwarz und Braun vor. Widerristhöhe: 56 bis 61 cm.

Rassegeschichte

Der Flatcoated Retriever wurde zu Beginn des 19. Jahrhunderts entwickelt und gilt als die eigentliche Ausgangsrasse aller Retriever, allerdings sind später verschiedene Rassen eingekreuzt worden. Er war ursprünglich ein unermüdlicher Helfer der Fischer und Jäger. Colonel Peter Hawker soll diesen Hund in der St. John's Bucht in Neufundland bei der Arbeit beobachtet und ihm deshalb den Namen »St. John's Hund« gegeben haben. Mit dem Schoner der Fischer kam der Hund nach England, wo man ihn auch »Wavycoated Retriever« nannte, und wo er schließlich mit Settern und Collieartigen gekreuzt wurde. Dadurch erhielt er das glatte, seidige Haar und den Namen Flatcoated Retriever (glatthaariger Retriever).

Curly Coated Retriever: Großbritannien

Eigenschaften:

- Wach- und Schutztrieb: 🐾🐾🐾
- Lauf- und Bewegungsbedürfnis: 🐾🐾🐾
- Menschenfreundlich: 🐾🐾🐾
- Einzelgänger: 🐾🐾🐾
- Familientauglich und gesellschaftsverträglich: 🐾🐾🐾🐾
- Erziehbarkeit: 🐾🐾🐾
- Eignung für Senioren: 🐾🐾

Arbeitsanlagen:

- alle Hundesportarten
- Begleiter

Curly Coated Retriever

Anlagen und Bedürfnisse

Der Curly Coated Retriever (curls = auf englisch Locken) ist die größte der sechs Retrieverrassen: ein vielseitig begabter Hund, der das Wasser liebt, als Jagdhund sein Bestes gibt und als Familienhund mit schelmischem Wesen besticht. Der Curly Coated Retriever ist ein »Spätzünder«, eher ein »In-sider«-Hund. Grundsätzlich ein typischer Retriever mit ausgeprägter Bring- und Wasserfreude, belastbar, vielleicht etwas dickköpfig und gegenüber Fremden reserviert. Als sensibler Hund reagiert er schlecht auf Veränderungen, ein neuer Platz oder eine neue Bezugsperson kann beim »Curly« zu Problemen führen. Der Curly Coated Retriever ist ein robuster Hund, dessen ganzer Körper – mit Ausnahme des Kopfes – von kleinen, dichten Locken in den Farben Schwarz oder Leberfarben bedeckt ist. Die Pflege ist denkbar einfach: Das Haarkleid des Curlys ist am schönsten, wenn es täglich einmal nass ist, ansonsten genügt gelegentliches Kämmen.
Widerristhöhe: 63 bis 68,5 cm.

Rassegeschichte

Während manche Autoren den Curly Coated Retriever als Abkömmling des Irish Water Spaniel sehen, ist er für andere ein Abkömmling des Alten Englischen Wasserhundes und des St. Johns Hund in Neufundland. Der Curly wurde in England als Gebrauchshund gezüchtet. Wildhüter hielten ihn zur Abwehr von Wilddieben, aber auch zur Bewachung von Haus und Hof. Seine Popularität schwand Anfangs des 20. Jahrhunderts zu Gunsten anderer Retrieverrassen wie des Labradors, mit welchem bei Sport und Jagd schneller zu »brillieren« ist. Als Jagdhund brauchte man ihn vorwiegend für die Wasserjagd, er ist ein guter Finder und Apportierer.

Nova Scotia Duck Tolling Retriever

Nova Scotia Duck Tolling Retriever: Kanada

Eigenschaften:

- Wach- und Schutztrieb: 🐾🐾🐾
- Lauf- und Bewegungsbedürfnis: 🐾🐾🐾🐾
- Tendenz zum Jagen und Hetzen: 🐾🐾🐾
- Menschenfreundlich: 🐾🐾🐾
- Familientauglich und gesellschaftsverträglich: 🐾🐾🐾🐾
- Erziehbarkeit: 🐾🐾
- Eignung für Senioren: 🐾🐾

Arbeitsanlagen:

- Sportbegeistert, viele Hundesportarten, Dummyarbeit
- Begleiter

Anlagen und Bedürfnisse

Der »Toller« wie sein Kurzname lautet, ist der kleinste Retriever und wird entlang der ganzen Ostküste Nordamerikas für die Jagd eingesetzt. Der Hund hüpft am Ufer hin und her, wedelt mit dem Schwanz und lockt damit die Enten an. Ganz typisch sind die Kapriolen und wilden Sprünge, die er dabei macht, um die Aufmerksamkeit der Enten zu wecken. Nach dem Schuss schickt der Jäger den Hund los, und genau darauf hat der Toller gewartet: Blitzschnell schaltet er zum Apportieren um. Lebhaft, fröhlich und intelligent sind seine Attribute, ein unersättlicher Apportierer. Er eignet sich als Familienhund und für viele Hundesportarten. Leider sieht man ihn wenig bei Apportierprüfungen. Möglich, dass der Ausbildungsweg zum prüfungsreifen Hund holpriger ist als bei anderen Retrieverrassen. Das Haarkleid bedarf regelmäßiger Pflege und ist mittellang, gerade, mit guter Unterwolle in verschiedenen Rottönen mit weißen Abzeichen an Brust, Pfoten und Kopf.
Widerristhöhe: 45 bis 51 cm.

Rassegeschichte

Nova Scotia ist Neuschottland, eine Halbinsel im Süden Kanadas, wo der Toller ursprünglich entdeckt wurde. Ähnlich haben schon die Füchse gejagt, sie hüpften am Ufer herum und wedelten mit ihren roten, buschigen Ruten, was die Enten neugierig werden ließ, anlockte und so zur leichten Beute machte. Der Toller-Entdecker, Nicolas Denys, schrieb im 17. Jahrhundert: »Man findet auf der ganzen Welt keine Hunderasse mit vergleichbaren Fähigkeiten.« Es wird allgemein angenommen, dass der Ursprung des Tollers bei europäischen Hunden liegt, die vor 400 Jahren mit Siedlenr im Seenbecken von Manitoba lebten.

Chesapeake Bay Retriever

Anlagen und Bedürfnisse

Er ist wie gemacht für die Entenjagd im eisigen Wasser, denn er ist ein vorzüglicher Apportierhund. Der »Chessie« wie ihn seine Anhänger nennen gilt als kraftvoll, nervenstark, mutig und lebhaft. Er braucht viel Zuwendung und Beschäftigung, dann ist er zuverlässig und schnell. Seiner Familie gegenüber loyal und vertrauenswürdig, als Wachhund unerbittlich: Ungebetenen Gästen ist der Zugang zu seinem Territorium verwehrt. Als Begleiter kann er sich für alle Arten von Hundesport begeistern und beim Dummy-Sport ist er zu Höchstleistungen fähig. Allerdings braucht es Kenner, die ihn in diesem Sport unterweisen. Der Chessie ist nur mit Vorbehalt ein Hund für Einsteiger.

Sein Haarkleid ist dicht und nicht länger als vier Zentimeter mit feiner, wolliger Unterwolle in allen Farben von Braun, Beige, Binse oder totem Gras. Durch seine natürlichen Hautöle ist es extrem Wasser abstoßend.

Widerristhöhe: 53 bis 66 cm.

Chesapeake Bay Retriever: USA

Eigenschaften:

- Wach- und Schutztrieb:
- Lauf- und Bewegungsbedürfnis:
- Tendenz zum Jagen und Hetzen:
- Jagdgebrauchshund:
- Menschenfreundlich:
- Familientauglich und gesellschaftsverträglich:
- Erziehbarkeit:
- Eignung für Senioren:

Arbeitsanlagen:

- Helfer des Menschen
- Sportbegeistert: Obedience, Sanitätshund, Dummysport
- Begleiter

Rassegeschichte

Der genaue Ursprung des Chesapeake Bay Retriever ist nicht gesichert, jedenfalls wird in der Literatur erwähnt, dass Anfangs des 19. Jahrhunderts Schiffbrüchige einer Brigg aus Neufundland kommend, in Maryland, in der wildreichen Chesapeake Bay, an Land gezogen wurden. Sie hatten zwei St. Johns Dog Welpen an Bord, die ebenfalls gerettet und aufgezogen wurden. Diese haben die Jäger, Wasserleute und Trapper im Laufe der Zeit mit ihren einheimischen Hunden wie Spaniel-, Pointer- und Wasserhunden verpaart. Durch gezielte Linienzucht entstand ein imposanter wunderbarer Retriever, dessen große Leidenschaft die jagdliche Arbeit im Wasser ist.

English Cocker Spaniel

Anlagen und Bedürfnisse

Der English Cocker Spaniel ist als Welpe eines der süßesten Hundebabies überhaupt, und nicht selten schmückt sein Bild die Dosen von Hundefutter. Sein Blick verspricht lebenslange Treue. Aber Vorsicht: Der »Cocker« ist kein Schoßhund! In England nennt man ihn den »Merry Cocker«, den fröhlichen Cocker, und dieses Attribut wurde zum Inbegriff dieser Rasse. Der Kynologe Villard beschreibt diesen munteren Kerl folgendermaßen: »Es gibt keinen angenehmeren, zahmeren, anhänglicheren und lebhafteren Hund als den Cocker. In ihm sind Intelligenz, Gutmütigkeit und List gut vereinigt«. Spätestens jetzt wird einem auch klar, weshalb der Cocker die am meisten verbreitete Spanielrasse ist. Bekannt als tolerant, gehört er zur Familie. Da der Englische Cocker ein Jagdhund ist, muss dem gebührend Rechnung getragen werden, indem man ihm genügend Bewegung in freier Natur verschafft oder sich mit ihm im Hundesport engagiert. Das Haarkleid ist lang, seidenartig, gewellt oder lockig, reich befedert und braucht regelmäßige Pflege. Es kommt in allen Farben vor, bei einfarbigen Hunden darf das Weiß nur auf der Brust vorhanden sein.

Widerristhöhe: 38 bis 41 cm.

English Cocker Spaniel: Großbritannien

Eigenschaften:

- Wach- und Schutztrieb: 🐾🐾
- Lauf- und Bewegungsbedürfnis: 🐾🐾🐾🐾
- Tendenz zum Jagen und Hetzen: 🐾🐾🐾🐾
- Jagdgebrauchshund: 🐾🐾
- Menschenfreundlich: 🐾🐾🐾🐾
- Familientauglich und gesellschaftsverträglich: 🐾🐾🐾
- Erziehbarkeit: 🐾🐾🐾
- Eignung für Senioren: 🐾🐾

Arbeitsanlagen:

- Sportbegeistert
- Begleiter

Rassegeschichte

Ohne Zweifel ist der Spaniel eine sehr alte Rasse. Nur wenigen Menschen ist bewusst, dass er eine lange Tradition als Jagdhund hat. Selbst wenn wir heute England als Ursprungsland des Spaniels bezeichnen, ist die genaue Herkunft nicht gesichert. In der Literatur wird jedoch erwähnt, dass solche Hunde im Mittelalter zusammen mit der Falkenjagd aus dem Mittleren Osten nach Europa gekommen sind. Viele Kynologen sind der Ansicht, dass die Kelten den Hund nach Westeuropa und auf die Britischen Inseln gebracht haben.

English Springer Spaniel

Anlagen und Bedürfnisse

Der **English Springer Spaniel** ist der Größte in der Spanielfamilie. Sowohl er, wie auch der **Welsh Springer Spaniel** sind intelligent, ausgeglichen, dabei gesellig und fröhlich. Manche Welsh sind Fremden gegenüber etwas zugeknöpft. Diese dekorativen Hunde sind auch unkomplizierte Familienhunde, gute Kameraden auf langen Wanderungen, und sie machen freudig mit beim Hundesport. Beides sind vielseitige Jagdgebrauchshunde und gehören zu den Stöberhunden. Sie sind trotz des hübschen Äußeren keine »softies«, sondern robuste, zuverlässige Helfer, denen weder Wind noch Wetter etwas anhaben können. Außerdem gelten sie als suchfreudig mit viel Jagdpassion. Es ist ihre Aufgabe, das Wild aufzustöbern und nach dem Schuss zu apportieren. Wie alle Vogelhunde lieben sie das Wasser. Auch auf der Schweißfährte werden sie erfolgreich geführt. Ein guter Gehorsam ist eine wichtige Voraussetzung für ein angenehmes Zusammenleben.

Das schlichte Langhaar bedarf regelmäßiger Pflege und kommt beim English Springer Spaniel in den Farben Leberbraun und Weiß, Schwarz und Weiß oder eine Kombination davon mit Loh vor; beim Welsh Springer Spaniel nur Rot mit Weiß.

Widerristhöhe: English Springer Spaniel 47 bis 51 cm, der Welsh Springer Spaniel ist etwas kleiner.

English Springer Spaniel: Großbritannien
Welsh Springer Spaniel: Großbritannien

Eigenschaften:

- Wach- und Schutztrieb: 🐾🐾
- Lauf- und Bewegungsbedürfnis: 🐾🐾🐾🐾
- Tendenz zum Jagen und Hetzen: 🐾🐾🐾🐾
- Jagdgebrauchshund: 🐾🐾🐾
- Menschenfreundlich: 🐾🐾🐾🐾
- Familientauglich und gesellschaftsverträglich: 🐾🐾🐾🐾
- Erziehbarkeit: 🐾🐾🐾
- Eignung für Senioren: 🐾

Arbeitsanlagen:

- Helfer des Menschen, sportbegeistert: alle Hundesportarten,
- Begleiter

Rassegeschichte

Unklar ist, welches die Ausgangsrasse aller Spaniels war, sicher ist, dass die alten Vogelhunde auf mittelalterlichen Abbildungen entweder schwarzweiß oder rotweiß waren. In der Vergangenheit sollte der Spaniel das Wild in Stellnetze treiben oder in offenes Gelände, um es für die Windhunde und Falken jagdbar zu machen. Der Name leitet sich von der englischen Beschreibung ab: »They spring game into open«, zu Deutsch ... »durch kraftvolle Sprünge treiben sie das Wild aus der Deckung«, daher der Name Springer Spaniel. Die Literatur weist darauf hin, dass Vogelhunde vom Typ des Spaniels mit den Kelten nach Irland, Wales und in die Bretagne gekommen sind. Es handelt sich jedenfalls um sehr alte Schläge, zumal zweifarbige langhaarige Hunde in Westeuropa seit dem Mittelalter als Jagdhunde wohl bekannt waren.

Welsh Springer Spaniel

Field Spaniel

Anlagen und Bedürfnisse

Alle Stöberhunde bilden innerhalb ihrer Gruppe eine eigene Sektion. Sechs dieser liebenswürdigen Rassen haben als Ursprungsland Großbritannien und sind richtige Spaniels. Diese tüchtigen Jagdhunde eroberten weltweit die Herzen vieler Nichtjäger und sind populäre Familienhunde geworden.

Der **Clumber Spaniel** ist die älteste rein gezüchtete Spanielrasse. Er ist ein gedrungener, kräftiger Hund, dessen Ahnen aus Frankreich nach Großbritannien kamen. Mutmaßlich hat der Französische Basset zu seiner Entstehung beigetragen. Interessant: So wie er im 19. Jahrhundert ausgesehen hat, so ist er heute noch zu bewundern. Aufmerksam auf den Clumber Spaniel wurde die Bevölkerung, als Prinz Albert, der Gatte Königin Victorias, diesen Jagdhund bevorzugte. Sogleich war er bei den Landlords in Mode. Seinen Namen verdankt er dem Landsitz »Clumber Park«, wo er zuerst gezüchtet wurde. Er hat ein freundliches, zuverlässiges Wesen. Sein Haarkleid ist reichlich, dicht, seidig und glatt, an Läufen und Brust gut befedert, in den Farben Weißer Körper mit zitronengelben (evtl. orangen) Abzeichen.
Widerristhöhe: 45 bis 49 cm.

Der **Sussex Spaniel** (ohne Bild) ist auch eine alte Spanielrasse, die schon Anfangs des 19. Jahrhunderts in der Grafschaft Sussex gezüchtet wurde. Ebenfalls ein etwas gedrungener Typ. Als Jagdhund stöbert er bedächtig und gründlich – interessanter-

weise spurlaut, möglich, dass einer seiner Vorfahren eine Brackenart war. Der leichtführige, anhängliche Spaniel war verschiedentlich in seiner Existenz bedroht, denn die Aussteller interessierten sich nicht für diesen Hund. Joy Freer nahm sich der Rasse an und sicherte das Überleben während des Zweiten Weltkrieges. Außerhalb seiner Heimat ist der Sussex Spaniel wenig bekannt. Das Haarkleid ist reichlich, glatt mit guter Unterwolle, Vorder- und Hinterläufe mäßig befedert, in den Farben warmes Goldgelb, Leber mit goldenen Haarspitzen.
Widerristhöhe: 38 bis 41 cm.

Der **Field Spaniel** sollte eine Züchtung werden, die sich von den Wasserspaniels abgrenzte. In seiner Abstammung findet man Cocker, Sussex wie auch den Springer Spaniel. Man hat ihn bewusst als Ausstellungshund zu etablieren versucht, obwohl er auch ein guter Stöberer wäre. Sein Haarkleid ist glatt oder gewellt, seidenähnlich, glänzend und fein, auf Brust, Bauch und an den Läufen mäßige Befederung. Farben: Schwarz, Leberbraun, Goldbraun, Mahagoni.
Widderristhöhe: ca. 46 cm.

Field Spaniel: Großbritannien
Clumber Spaniel: Großbritannien

Eigenschaften:

- Wachtrieb: 🐾 🐾 🐾
- Lauf- und Bewegungsbedürfnis: 🐾 🐾 🐾
- Tendenz zum Jagen und Hetzen: 🐾 🐾 🐾
- Menschenfreundlich: 🐾 🐾 🐾 🐾
- Familientauglich und gesellschaftsverträglich: 🐾 🐾 🐾 🐾
- Erziehbarkeit: 🐾 🐾 🐾
- Eignung für Senioren: 🐾 🐾 🐾

Arbeitsanlagen:

- Helfer des Menschen: Therapiehund
- Sportbegeistert: Hundesportarten
- Begleiter

Alle Spaniel-Rassen müssen regelmäßig gepflegt werden.

Clumber Spaniel

American Cocker Spaniel: USA

Eigenschaften:

- Wach- und Schutztrieb: 🐾🐾🐾🐾🐾
- Lauf- und Bewegungsbedürfnis: 🐾🐾🐾
- Menschenfreundlich: 🐾🐾🐾🐾
- Einzelgänger: 🐾🐾
- Familientauglich und gesellschaftsverträglich: 🐾🐾🐾
- Erziehbarkeit: 🐾🐾🐾🐾
- Eignung für Senioren: 🐾🐾🐾

Arbeitsanlagen:

- Helfer des Menschen
- Sportbegeistert: Schutzhund, Sanitätshund
- Begleiter

American Cocker Spaniel

Anlagen und Bedürfnisse

Quer durch die ganze Welt sind Spaniels beliebt und bekannt, ganz besonders aber der American Cocker. Sein charmantes, kluges Wesen und seine niedliche Größe haben ihn zu einem der populärsten Familienhunde in den USA gemacht. Dieser freundliche, erheiternde Hund passt sich jedem Lebensstil an, ein wahrer Kamerad für gute und schlechtere Zeiten. Sein Haarkleid ist reichlich, wie Seide, gerade oder leicht gewellt in den Farben Schwarz oder vom hellsten Crème bis zum dunkelsten Rot, einschließlich Braun und Braun mit Loh, Schwarz mit Loh oder mehrfarbig. Die Verteilung der Farbabzeichen ist vorgeschrieben. Widerristhöhe: 35 bis 38 cm.

Rassegeschichte

Alle Spanielrassen haben ihre Wurzeln bei den alten Vogelhunden, die im Mittelalter von der iberischen Halbinsel nach Großbritannien kamen. Der American Cocker stammt vom Englischen Cocker Spaniel ab, der genetische Hintergrund beider Rassen ist derselbe. Wann der Cocker nach Amerika kam, ist nicht bekannt. Erst ab 1930 sind die American und Englischen Cocker an Ausstellungen als eigenständige Rassen gezeigt worden, davor waren sie Varietäten.

Deutscher Wachtelhund

Deutscher Wachtelhund: Deutschland

Eigenschaften:

- Wach- und Schutztrieb:
- Lauf- und Bewegungsbedürfnis:
- Jagdgebrauchshund:
- Menschenfreundlich:
- Familientauglich und gesellschaftsverträglich:
- Erziehbarkeit:
- Eignung für Senioren:

Besonderheiten:

- Gehört ausschließlich in die Hände eines Jägers

Anlagen und Bedürfnisse

Einer der beliebtesten Jagdgebrauchshunde in Deutschland ist der **Wachtelhund**, er ist ein Allrounder, ein Hund für alle Fälle. Seinem Brackenerbe verdankt er den ausgeprägten, mit lockerem Spurlaut verbundenen Spurwillen, der ihn befähigt, ausdauernd zu stöbern und nach Wild zu suchen. Darüber ist der Wachtel auch zur Wasserjagd bestens geeignet, denn er ist zuverlässig beim Verlorenbringen und Apportieren. Eine große Begabung hat er für die Schweißarbeit. Sein freundliches Wesen, seine Genügsamkeit und seine ruhige Art machen ihn zum bevorzugten Familienhund. Die Pflege des Deutschen Wachtelhundes ist unkompliziert, er muss wöchentlich gebürstet werden. Sein Haar ist mittellang, gewellt aber nicht gelockt, einfarbig dunkelbraun mit oder ohne weiße Abzeichen und Brand, fuchs- oder hirschrot, braunschimmel, braune Platten oder Mantel auf weißem Grund, Tiger mit weißer gesprenkelter oder getupfter Grundfarbe. Widerristhöhe: 48 bis 52 cm.

Rassegeschichte

Es wird angenommen, dass der Name Wachtel mit der gleichnamigen Vogelart in Verbindung steht. In England wird er »German Spaniel« genannt, also auch eine alte Vogelhundrasse. Mitte des 19. Jahrhunderts fand die Niederwildjagd wieder vermehrt Anhänger, aber inzwischen war der Stöberhund fast ausgestorben. Friedrich Robert aus Weißwasser erinnerte sich des alten Schlags und suchte nach ähnlichen Hunden. Schließlich fand er einen Rüden und kurze Zeit darauf eine Hündin, mit welchen er den Wiederaufbau vorantrieb.

Kooikerhondje: Niederlande

Eigenschaften:

- Wach- und Schutztrieb: 🐾🐾🐾
- Lauf- und Bewegungsbedürfnis: 🐾🐾🐾
- Menschenfreundlich: 🐾🐾🐾
- Einzelgänger: 🐾🐾🐾
- Familientauglich und gesellschaftsverträglich: 🐾🐾🐾
- Erziehbarkeit: 🐾🐾🐾
- Eignung für Senioren: 🐾🐾🐾

Arbeitsanlagen:

- Sportbegeistert, alle Hundesportarten
- Begleiter

Kooikerhondje

Anlagen und Bedürfnisse

Die leuchtende Farbe, das leicht gewellte Haar und die mandelförmigen dunklen Augen mit dem aufmerksamen Blick, das macht diesen kleinen Hund so besonders attraktiv. Allein das Kooikerhondje war ein richtiger Arbeitshund, ein Helfer der niederländischen Entenfänger. Außerdem ist er unzimperlich, wenn es gilt, Ratten und Mäuse zu fangen. So ganz einfach ist sein »Strickmuster« jedoch nicht: Als sensibler Hund reagiert er auf harsche Worte und Härte in der Erziehung, wogegen Konsequenz akzeptiert wird. Fremden gegenüber ist er freundlich, mitunter etwas abweisend: Er mag es nicht, wenn ein fremdes Kind ihn »knuddelt«, auch zu Krabbelkindern passt er nicht, ansonsten hat er sich als Familienhund bewährt. Diese gesunde Rasse hat sehr viel Urtümliches bewahrt. Bekommt er keine sinnvolle Beschäftigung, wird er gelangweilt und lästig. Er ist kein Hund für Stubenhocker. Haarart und Farben: Mittellang, leicht gewellt mit Unterhaar in der Farbe Weiß mit orangeroten Platten.

Widerristhöhe: 35 bis 42 cm.

Rassegeschichte

Der kleine Kooiker war in Holland schon immer beliebt, das bezeugen viele Gemälde aus dem Barock, wo kleine spanielartige Vogelhunde abgebildet sind. Übersetzt bedeutet der Name Kojehund. In den sumpfreichen Gegenden, in Tümpeln und Flüssen mit dem Kooigebüsch (das sind Verbauungen aus Schilfmatten, Koje genannt), lebt das Wasserwild und sucht Schutz und Ruhe. In den Schonzeiten befinden sich da auch die Brutplätze. Zur Jagdzeit werden die Enten vom Kooikerhondje angelockt und in Zusammenarbeit mit dem Kooibas (Entenfänger) in die Fangkäfige getrieben. Diese Jagdart ohne Flinte wurde bereits im Mittelalter betrieben. Heutzutage gibt es allerdings nur noch wenige Stellen, die sich derart erhalten haben.

Lagotto Romagnolo

Lagotto Romagnolo: Italien

Eigenschaften:

- Wach- und Schutztrieb: 🐾🐾🐾
- Lauf- und Bewegungsbedürfnis: 🐾🐾🐾🐾
- Tendenz zum Streunen: 🐾🐾🐾🐾
- Menschenfreundlich: 🐾🐾🐾
- Familientauglich und gesellschaftsverträglich: 🐾🐾🐾
- Erziehbarkeit: 🐾🐾🐾
- Eignung für Senioren: 🐾🐾

Arbeitsanlagen:

- Helfer des Menschen
- Sportbegeistert, viele Hundesportarten,
- Begleiter

Anlagen und Bedürfnisse

Der Lagotto ist ein witziger, aufgeweckter und geselliger Italiener, der seine Familie über alles liebt. Seine Unternehmungslust ist legendär, er muss deshalb beschäftigt werden und eignet sich für viele Hundesportarten. Er liebt das Wasser über alles. Schön kühl und stets feucht! Sein Haarkleid ist wollig gelockt wie bei Schafen in den Farben unrein Weiß, Weiß mit braunen oder orangen Flecken, einfarbig Braun oder Orange und Braunschimmel.

Zweimal im Jahr, Anfang und Ende des Sommers, muss der Lagotto geschoren werden. Kämmen oder Bürsten ist schädlich für das Fell und unnötig, da der Lagotto nicht haart. Man kann wegschneiden, was stört, denn die ausdrucksvollen Augen müssen frei bleiben.

Widerristhöhe: 43 bis 46 cm.

Rassegeschichte

Mit Sicherheit gehört diese junge Züchtung zu den ältesten Wasserhunden. Als Ende des 19. Jahrhunderts die Trockenlegung der Sümpfe vom Comacchio und der Romagna vorangetrieben wurde, ist der »König der Seen« als Wasserhund arbeitslos geworden. Glücklicherweise erinnerten sich einige Lagotto-Freunde, dass dieser Hund auch einen exzellenten Geruchssinn besaß. Diesen hatte man sich schon früher zunutze gemacht und den Hund auf die Suche nach Trüffeln, den kostbaren, begehrten Delikatessen unter der Erde, eingesetzt. Sein Jagdinstinkt ist fast erloschen, sein ausgezeichneter Geruchssinn hat ab ca. 1920 den Wandel zu einem vorzüglichen Trüffelsuchhund begünstigt.

Woher aber kommt der Name Lagotto? Die Bewohner der Seelandschaft Lagosanto, einem Gebiet im Herzen der Comacchinotäler (in der Romagna), wurden »Lagotti« genannt, deren Hunde, die sie auf die Jagd begleiteten »i Cani Lagotti«.

Barbet

Anlagen und Bedürfnisse

Die französischen Bauern und Seeleute schätzten die Widerstandsfähigkeit des Barbet, den sie als Jagdhund auf Wasserwild brauchten. Der **Barbet** hat einen besonnenen Charakter, besitzt eine große Portion Mutterwitz und ist nie aggressiv. Er ist ein genügsamer Hund, wenn er regelmäßig Auslauf bekommt, bei welchem er vielleicht noch schnell ein Bad nehmen kann. Sein Wasser abstoßendes Fell ist dicht und üppig, der Barbet erträgt deshalb große Hitze schlecht. Mit seinem Temperament und seinen vielen Begabungen eignet er sich für manche Hundesportarten, auch als Therapiehund ist er gut geeignet. Er braucht Pflege und wird von klein auf regelmäßig durchgekämmt, damit er sich daran gewöhnen kann, ansonsten könnte sein Fell verfilzen. Zweimal jährlich sollte der Barbet geschoren werden. Das Haarkleid ist weich, wellig oder gekraust in den Farben einfarbig Schwarz, Kastanienbraun, Rehbraun, Grau, Weiß oder mehr oder weniger gescheckt.
Widerristhöhe: 45 bis 58 cm.

Ist der **Irische Wasserspaniel** nun ein Wasserhund oder ein Spaniel? Erklärbar ist diese Benennung

Barbet: Frankreich
Irish Water Spaniel: Irland

Eigenschaften:

- Wach- und Schutztrieb: 🐾🐾🐾
- Lauf- und Bewegungsbedürfnis: 🐾🐾🐾🐾
- Tendenz zum Jagen und Hetzen: 🐾🐾🐾🐾
- Menschenfreundlich: 🐾🐾🐾🐾
- Familientauglich und gesellschaftsverträglich: 🐾🐾🐾🐾
- Erziehbarkeit: 🐾🐾🐾
- Eignung für Senioren: 🐾🐾

Arbeitsanlagen:

- Arbeitsanlagen: Jagdhund, Helfer des Menschen: Therapiehund
- Alle Hundesportarten
- Begleiter

nur historisch, alle Vogelhunde wurden ursprünglich als Spaniels bezeichnet, denn ihr Beruf ist die Jagd auf Enten. In den Adern des Irischen Wasserspaniels fließt das Blut eines Pudels, dem er sein offen gelocktes Haarkleid, das regelmäßige Pflege fordert, verdankt. Das einzigartige Rassemerkmal ist sein glatthaariger »Rattenschwanz«. Er ist ein unermüdlicher, hart arbeitender Jagdhund, ein gehorsamer, anhänglicher Begleiter, der auch gut in die Familie passt, aber leider sehr selten ist. Farbe Braun.
Widerristhöhe: 51 bis 59 cm.

Rassegeschichte

Mit den Arabern sollen **Barbets** nach Frankreich gekommen sein, wo sie als Jagd- und Hütehunde gebraucht wurden. Ein Barbet war vielseitig einsetzbar: Für die Suche im Schilf und als Apportierhund aus dem Wasser. Auch die Fischer brauchten ihn zum Einholen der Netze. Erst im 16. Jahrhundert gab man diesen bärtigen Hunden den Namen Barbet, (la barbe – franz. der Bart). Zu jener Zeit war es den Bauern untersagt, edle Rassen zu halten, da diese dem Adel vorbehalten waren. Nicht so der Barbet, er war ein rustikaler Hund, bei einfachen Landleuten unentbehrlich.

Justin Mc Carthy ist der Name, der eng verknüpft ist mit dem **Irischen Wasserspaniel**. Er züchtete mit lokalen Schlägen eine einheitliche Rasse. Das Resultat war »Boatswine«, der als Stammvater des Irischen Wasserspaniels gilt. Der Irländer soll eng verwandt mit dem Barbet sein und einige seiner Eigenschaften teilen.

Irish Water Spaniel

Perro de Agua Español

Anlagen und Bedürfnisse

Der **Perro de Agua Español** ist ein gesunder, robuster, kluger und eifriger Hund, der sich gerne jeder Situation anpasst und treu zu seinem Chef hält, unkompliziert und deshalb gut geeignet als Familienhund. Auch für den Hundesport ist er begabt, besonders für Agility, denn er ist wendig und gelehrig.
Sein Markenzeichen ist das Haarkleid, immer gelockt und wollig in der Textur wenn es kurz ist; wenn es lang ist, kann es Zotten bilden. Falls es geschoren wird, soll die Schur gleichmäßig sein. Am besten der Hund wird so belassen, wie er ist: unverfälscht rustikal. Seine Farben sind: Schwarz, Braun oder Weiß in verschiedenen Tönen, Schwarz mit Weiß, Braun mit Weiß.
Widerristhöhe: 40 bis 50 cm.

Der **Cao de Agua Português** ist ebenfalls ein hervorragender Schwimmer und Taucher, er ist ein anhänglicher Gefährte und guter Helfer seines Herrn, auch als Familienhund geeignet. In seiner Heimat leistet er nicht nur beim Fischen gute Dienste, sondern auch als Bewacher und Hüter der Schiffe und der frisch gefangenen Fische. Sein

Cao de Agua Português

Perro de Aguas Español: Spanien
Cao de Agua Português: Portugal

Eigenschaften:

- Wachtrieb: Perro de Aguas Espanol: 🐾🐾
  Cao de Agua Português: 🐾🐾🐾🐾
- Lauf- und Bewegungsbedürfnis: 🐾🐾🐾🐾
- Tendenz zum Jagen und Hetzen: 🐾🐾🐾
- Menschenfreundlich: 🐾🐾🐾
- Familientauglich und gesellschaftsverträglich: 🐾🐾🐾
- Erziehbarkeit: 🐾🐾🐾
- Eignung für Senioren: 🐾🐾

Arbeitsanlagen:

- Helfer des Menschen, Therapiehund
- Sportbegeistert: Agility, Sanität, Obedience
- Begleiter

Temperament ist heftig, stolz und eigenwillig. Bisweilen sogar streitsüchtig, das kommt vermutlich von seiner Aufgabe als Bewacher. Er ist ein »workaholic« und folgt den Anweisungen seines Meisters. Der Cao de Agua Português hat ein reichliches Haarkleid am ganzen Körper, an den Seiten etwas dünner. Es kommt in zwei Variationen vor: ziemlich lang, wellig und weich oder kürzeres gelocktes Haar, dicht anliegend. Wenn das Haarkleid die volle Länge hat, wird es am Fang, den Lendenpartien und den Hinterläufen geschoren, damit der Hund sich im Wasser besser bewegen kann. Farben: Schwarz, Weiß verschiedene Nuancen von Braun oder Schwarzbraun mit Weiß.
Widerristhöhe: 46 bis 54 cm.

Rassegeschichte

An vielen Küsten Europas sind ähnliche kraushaarige Wasserhunde beheimatet.
Mit der Eroberung der iberischen Halbinsel sollen diese »Canis piscatoris« (Hunde der Fischer) an die Südküste Spaniens und Portugals gekommen sein. In einer Anekdote wird erklärt, wie die Hirten in Spanien ihre Perros aussuchen. Da sie weder die Zeit noch das Geld hatten, einen ganzen Wurf großzuziehen, haben sie sich etwas einfallen lassen: Alle Welpen wurden kurz aus der Wurfkiste weggetragen und an einen anderen Ort deponiert. Die Mutterhündin suchte ihre Welpen und trug diese, einen nach dem anderen, wieder in das Geburtslager zurück. Die Hirten waren überzeugt, die Hündin »rettete« die Welpen gemäß ihrem »Wert«. Also holt sie zuerst den besten Welpen und zuletzt den schwächsten. Das war dann auch ihre Entscheidung. Den Cao de Agua findet man heutzutage nur noch im Süden an der Algarve.

Gesellschafts- und Begleithunde

Wie es der Name sagt, hatten diese Hunde eine wichtige Funktion: Diese meist sehr alten Rassen sind gezüchtet worden, um dem Menschen Gesellschaft zu leisten. Insbesondere in adeligen und bürgerlichen Kreisen hielten sich die Damen von Welt kleine Schoßhunde, die sie begleiteten oder die als kleiner Wärmespender dienten. Unzählige Werke in der Malerei, von der Antike bis ins 19. Jahrhundert, bezeugen die Anwesenheit kleiner Rassen. Es gibt diese Zwergrassen mit Ausnahmen nur rasserein, die Würfe sind meist klein, das Zuchtgeschehen schwierig und aufwändig. In der Regel brauchen diese Hunde intensive Pflege, da viele Vertreter ein langes und seidiges Haarkleid haben. Es sind in der Regel problemlose Wohnungshunde, was nicht heißt, dass man sich über die ersehnte Rasse im Vorfeld nicht genau orientieren sollte.

Kleinpudel

Anlagen und Bedürfnisse

Den Pudel gibt es in vier Größenvarietäten.

Der **Großpudel** besticht durch seine Eleganz und seine Vielseitigkeit. Einst als Meldegänger auf dem Schlachtfeld eingesetzt, stellt er heute als arbeitswilliger Blindenführhund seine Fähigkeiten den Menschen zur Verfügung. Als Familienhund und Sporthund begeistert er groß und klein. Während er draußen lebhaft und voller Energie die Welt erobert, zieht er sich zu Hause vornehm zurück.

Temperamentvoller geben sich die **Klein**- und **Zwergpudel**. Ihr typischer Gang, den Blick immer wieder auf ihre Besitzer gerichtet, scheinen sie zu fragen: »Was machen wir jetzt«? Ihre Geschwindigkeit und Intelligenz bringen ihnen auch sportliche Ehren: Zwergpudel »Pebbles« wurde 2006 Agility-Weltmeister.

Alle Pudel, einschliesslich der kleinsten, der **Toy Pudel**, sind enorm anpassungsfähig: fällt der Spaziergang einmal kürzer aus als gewohnt, geben sie sich problemlos auch mit reduziertem Programm zufrieden. Also finden auch ältere Personen im Pudel ihren idealen Begleiter.
Etwas irreführend ist der Name des Toy Pudels. Denn er ist keineswegs ein Spielzeug, sondern ein echter Hund in Kleinformat. Weil er aber so klein ist, eignet er sich weniger als Familienhund zu Kindern.
Der Pudel verliert praktisch keine Haare, was ihn unter Umständen auch für Allergiker tauglich macht. Da sein Haar ständig wächst, muss es regelmäßig geschoren und gekämmt werden, damit es nicht verfilzt.
Großpudel werden bis 62 cm hoch.
Kleinpudel bis 45 cm.
Zwergpudel bis 35 cm.

Toypudel

Pudel: Frankreich

Eigenschaften:

- Wachtrieb: 🐾 🐾
- Lauf- und Bewegungsbedürfnis: 🐾 🐾 🐾 🐾
- Tendenz zum Jagen und Hetzen: 🐾 🐾
- Menschenfreundlich: 🐾 🐾 🐾 🐾
- Familientauglich und gesellschaftsverträglich: 🐾 🐾 🐾 🐾
- Erziehbarkeit: 🐾 🐾 🐾 🐾
- Eignung für Senioren: 🐾 🐾 🐾 🐾

Arbeitsanlagen:

- Helfer des Menschen: Blindenführhund (Großpudel)
- Sportbegeistert
- Begleiter

Toypudel sind zwischen 24 und 28 Zentimeter. Alle kommen in den sechs anerkannten Farben Weiß, Schwarz, Braun, Silber, Apricot und Rot vor. Unter allen diesen Farben und Größen sollte immer »des Pudels Kern« stecken: ein eleganter, intelligenter, anhänglicher und lernfreudiger Begleiter. Allerdings fallen die Eigenschaften in den Größenvarietäten leicht unterschiedlich aus.

Rassegeschichte

Pudelartige Hunde gab es bereits im Altertum. Ihr Name geht auf das Wort Pfudel (Pfütze) zurück, was auf ihre ursprüngliche Aufgabe als Helfer bei der Entenjagd verweist. Der Jagdtrieb schlägt vor allem bei den Großpudeln durch. Ebenfalls im Zusammenhang mit der Wasserarbeit sind die verschiedenen Pudelschuren zu erklären. Um dem Hund das Schwimmen zu erleichtern, scherte man ihn am hinteren Teil kahl. Auf den Kopf kamen verschiedenfarbige Bänder, damit die Jäger schnell erkennen konnten, wo welcher Hund gerade arbeitete.

Zwergpudel

Großpudel

Chihuahua

Anlagen und Bedürfnisse

Die Größe lässt es nicht vermuten, auch der Chihuahua stammt vom Wolf ab und hat Bedürfnisse wie seine großen Artgenossen. Zwerghunde verfügen naturgemäß über viele Vorzüge, sie benötigen wenig Platz, zerren ihren Besitzer nicht in der Gegend herum und lassen sich durchaus für Erziehungsspiele begeistern. Sie sind deshalb auch für ältere Menschen geeignet, für die sie eine enorm wichtige Funktion übernehmen können: Der Chihuahua ist ein Partner, sorgt für regelmäßige Spaziergänge an der frischen Luft und für soziale Kontakte, verfügt in der Regel über ein fröhliches Wesen und ist ein angenehmer Wärmespender auf dem Sofa. Gesellschaftshunde sind – wie es der Name sagt – dazu gezüchtet worden, um dem Menschen Gesellschaft zu leisten. Wer jedoch glaubt, ein Chihuahua sei ein verzärteltes Kleinod, der täuscht sich: es sind mutige kleine Wächter, Persönlichkeiten, die sich zu verteidigen wissen und mitunter auch vergessen, dass sie nicht groß genug sind, um aus einer Rauferei als Sieger hervorzugehen.

Es gibt den Chihuahua sowohl als Kurzhaar wie auch als Langhaar in allen Farben. Die Widerristhöhe sollte weniger als 30 cm betragen.

Rassegeschichte

Gemäß Überlieferungen gilt der Chihuahua als Nachfahre des Techichi, eines kleinen Hundes der Tolteken-Ackerbauern, die Mexiko noch vor

Chihuahua: Mexico

Eigenschaften:

- Lauf- und Bewegungsbedürfnis: 🐾
- Menschenfreundlich: 🐾 🐾 🐾
- Familientauglich und gesellschaftsverträglich: 🐾 🐾 🐾
- Erziehbarkeit: 🐾 🐾 🐾
- Eignung für Senioren: 🐾 🐾 🐾

Arbeitsanlagen:

- Begleiter

Besonderheiten:

- Nicht geeignet für Familien mit kleinen Kindern.

den Azteken besiedelt hatten. Ausgrabungen von Tongefässen, auf denen chihuahuaähnliche Hunde auszumachen sind, bezeugen deren Existenz. Die Hunde seien als Wildhunde von den Tolteken eingefangen und domestiziert worden, was heute allerdings bezweifelt wird.

Vermutlich haben portugiesische Seefahrer oder spanische Eroberer wie Cortés um 1519 kleine Hunde auf den neuen Kontinent gebracht und mit einheimischen Rassen gekreuzt. Der Chihuahua gelangte von Mexiko zuerst in die USA und später nach Europa.

Mops

Anlagen und Bedürfnisse

Dieser kleine Hund ist ein absoluter Hingucker, jedoch ein oft verkannter Kerl, denn der Mops hat es in sich: obwohl er ruhig oder gar mürrisch wirkt, ist das Gegenteil der Fall. Zwar kann er für ein, zwei Stunden ruhig vor sich hin schnarchen, um in der nächsten Sekunde aufzuschnellen und seinen wahren Charakter zu zeigen: dann tollt er übermütig und fröhlich herum, Lebensfreude pur! Dies ist auch der Grund, weshalb der Mops so beliebt ist, von Schoßhund kann also keine Rede sein. Auf eine moderate Erziehung reagiert er gut, ein Turnierhund wird er jedoch nie. Hauptsache, er ist bei allen Aktivitäten mit dabei. Der Mops fühlt sich dank seiner geringen Größe sowohl in einer kleinen Wohnung als auch auf dem eleganten Landsitz »mopsfidel«. Er passt sich problemlos jeder Lebenssituation an. Vorsicht ist geboten – wie bei vielen anderen kurzköpfigen Rassen auch – übermäßige Hitze und feuchtes Klima können ihm Beschwerden bereiten.

Die Pflege seines glatten, feinen Haares ist

Mops: Großbritannien

Eigenschaften:

- Wachtrieb: 🐾🐾
- Lauf- und Bewegungsbedürfnis: 🐾🐾
- Menschenfreundlich: 🐾🐾🐾🐾🐾
- Geeignet für Mehrfachhaltung: 🐾🐾
- Familientauglich und gesellschaftsverträglich: 🐾🐾🐾🐾🐾
- Eignung für Senioren: 🐾🐾🐾🐾🐾

Arbeitsanlagen:

- Begleiter

denkbar einfach, gelegentliches Bürsten und abfrottieren genügt. Er kommt in den Farben Silber, Apricot, Hellfalb mit dunkler Maske und Schwarz vor.
Widerristhöhe: 25 bis 30 cm.

Rassegeschichte

Es wird angenommen, dass holländische Seefahrer diesen Hund aus Asien nach Europa brachten. Historiker sind der Ansicht, dass der Mops mit anderen in China bekannten Rassen verwandt ist, denn einige asiatische Rassen haben ebenfalls diese kurzen Köpfe und die runden, etwas vorstehenden Augen. Möglich, dass sie schon früher auf der Seidenstraße als Handelsware neben anderen Gütern nach Europa gebracht wurden. Bereits im frühen Mittelalter war die Existenz des Mops in Europa bekannt. In der ersten Hälfte des letzten Jahrhunderts machten sie Schlagzeilen: Die Möpse der Herzogin von Windsor.

King Charles Spaniel Cavalier King Charles Spaniel

Anlagen und Bedürfnisse

Diese sympathischen Gesellen sind angenehme Familienhunde und eignen sich selbst für Ersthundehalter jeden Alters. Sowohl der Cavalier King Charles Spaniel wie auch der King Charles Spaniel stammen von jagdlich geführten Spaniels ab. Bei deren Züchtung lagen mitunter auch kleinere Welpen in den Würfen, welche ebenfalls sorgfältig aufgezogen und später planmäßig untereinander gekreuzt wurden. So entstand der **Toy**- oder **King Charles Spaniel**: Ein wahrhaftig aristokratischer Hund, schon sein Name lässt vermuten, dass es sich um etwas »Blaublütiges« handeln muss. Es waren besonders die Könige Charles I und Charles II im 19. Jahrhundert, welche diese Hunde als liebenswürdige Begleiter schätzten.

Der **Cavalier King Charles** ist eine Züchtung des 20. Jahrhunderts und ist etwas größer und weniger kurznasig.
Beides sind typische Gesellschaftshunde. Als ursprüngliche Jagdhunde interessieren sie sich aber für alles und freuen sich an abwechslungsreichen Spaziergängen in Wald und Feld, sind ohne Aggressivität und ohne Furcht. Das Erscheinungsbild ist anmutig, ausgewogen und mit sanftem Ausdruck. Ihre Haarart ist lang, seidenweich, sie zeichnen sich durch eine große Farbvielfalt.

Der King Charles Spaniel hat eine Widerristhöhe von etwa 30 cm, der Cavalier King Charles Spaniel 35 cm.

Rassegeschichte

Besonders um die Rasse King Charles Spaniel bemüht hat sich der Herzog John Churchill of Marlborough, der als Page bei Charles I. die kleinen Spaniels lieb gewonnen hatte. Er widmete sich der Zucht des rot-weißen Farbschlages, dessen Abkömmling später den Namen »Blenheim Spaniels« erhielten, genannt nach dem Familiensitz in Blenheim Palace. Im Laufe der Zeit änderte sich allerdings das Aussehen der Blenheim Spaniels merklich, es wurde Kurzköpfigkeit angestrebt.
Kurz nach dem ersten Weltkrieg tauchte Roswell Eldridge, ein reicher Amerikaner auf, der sich in England einen dieser Hunde kaufen wollte, die er stets auf vielen Gemälden bewundert hatte. Die Enttäuschung war groß, als er an Ausstellungen den King Charles Spaniel mit dem Apfelkopf vorfand. Er suchte den ursprünglichen Typ und setzte 25 Pfund aus für das Auffinden eines solchen Hundes. So fand er den Rüden namens »Ann's Son«, der das Vorbild für einen neuen Rassestandard wurde. Dem neuen »alten« Typ des King Charles Spaniel wurde der Namen **Cavalier** hinzugesetzt, damit man ihn deutlich vom King Charles Spaniel unterscheiden konnte. Erst im Jahre 1945 wurde der Cavalier King Charles als eigene Rasse anerkannt.

Steckbrief

King Charles Spaniel: Großbritannien
Cavalier King Charles Spaniel: Großbritannien

Eigenschaften:

- Wachtrieb: 🐾 🐾
- Lauf- und Bewegungsbedürfnis: 🐾 🐾 🐾
- Tendenz zum Jagen und Hetzen: 🐾
- Menschenfreundlich: 🐾 🐾 🐾 🐾
- Geeignet für Mehrfachhaltung: 🐾 🐾
- Familientauglich und gesellschaftsverträglich: 🐾 🐾 🐾 🐾
- Erziehbarkeit: 🐾 🐾 🐾
- Eignung für Senioren: 🐾 🐾 🐾 🐾

Besonderheiten:

- Diese Hunde eignen sich für jede Wohnform und jedes Alter, auch für Einsteiger.

Cavalier King Charles Spaniel

Tibet Terrier

Anlagen und Bedürfnisse

Er sei ein »Wollknäuel, der vom Dache fiel« sagen verliebte Besitzer und sie haben recht: Der Tibet Terrier kommt tatsächlich vom »Dach der Welt«, genauer vom Hochplateau des Tibet. Der Tibet Terrier ist jedoch kein Terrier, er ist ein Hirtenhund der tibetanischen Bauern. Die Arbeit in den einsamen Bergen allein mit dem Hirten hat diesen Hund geprägt, deshalb schließt er sich eng seinen Menschen an, ohne aufdringlich zu sein. Sein liebevoller, unkomplizierter Charakter macht ihn zum idealen Familienhund: praktisch in der Größe, pflegeleicht im Haarkleid, robust gegen alle Witterungen, tüchtig und voller Lebensfreude. Auch im Hundesport ist er flott dabei. Sein niedliches, wuscheliges Aussehen täuscht, er ist kein Schoßhund, sondern eine kleine, selbstbewusste Persönlichkeit, weder scheu noch streitsüchtig. Dieser lebhafte, verspielte Kumpel macht auch ruppige Spiele mit Kindern mit. Das lange Deckhaar mit der dichten, weichen Unterwolle kommt in allen Farben vor. Widerristhöhe: 36 bis 41 cm.

Rassegeschichte

Tibet hat einige Hunderassen hervorgebracht, auch der Tibet Terreir stammt aus diesem Land, genau wie der Lhasa Apso, den einige Kynologen als Abkömmling des Tibet Terriers sehen. Während die tibetischen Kleinhunde vorwiegend in den Klöstern lebten und als Begleiter und Gebetshunde große Verehrung fanden, diente der temperamentvolle Tibet Terrier den Bauern und Viehzüchtern als Helfer. Er war wie geschaffen für ein raues Klima auf 5000 Meter Höhe, er trieb die Herden von den Bergen ins Tal, er verstand es, in engen Schluchten über die Rücken der Schafe zu laufen, um den Weg zu erkunden und auf deren Rücken wieder zurückzukommen. Eine natürliche Auslese unter den harten Bedingungen prägte die Rasse und machte sie widerstandsfähig. Die Tibeter züchteten nicht planmäßig, sie brauchten Arbeitshunde zum Überleben. So entstanden in verschiedenen Regionen auch verschiedene Typen. In den 20er-Jahren lebte und arbeitete in Indien nahe der tibetischen Grenze die Ärztin Dr. Agnes Greig. Als Dank für eine gelungene Operation an einer wohlhabenden Tibeterin erhielt sie einen Tibet Terrier zum Geschenk. Völlig fasziniert von der Rasse, züchtete sie diese weiter und brachte sie nach England, von wo aus sich der Hund in ganz Europa verbreitete.

Tibet Terrier: Tibet/Großbritannien

Eigenschaften:

- Wachtrieb: 🐾🐾
- Lauf- und Bewegungsbedürfnis: 🐾🐾🐾🐾
- Tendenz zum Jagen und Hetzen: 🐾🐾🐾
- Menschenfreundlich: 🐾🐾🐾🐾🐾
- Familientauglich und gesellschaftsverträglich: 🐾🐾🐾🐾🐾
- Erziehbarkeit: 🐾🐾🐾🐾
- Eignung für Senioren: 🐾🐾🐾

Arbeitsanlagen:

- Helfer des Menschen
- Sportbegeistert: Agility, Obedience
- Begleiter

Havaneser

Anlagen und Bedürfnisse

Kleinhunde, die der Gruppe der Bichons angehören, werden im Charakter meist nur von Kennern unterschiedlich beschrieben. Alle sind sie liebevolle Hundepersönlichkeiten mit sehr viel Selbstvertrauen und Würde. Bichons brauchen tägliche, intensive Haarpflege, ansonsten sind sie aber völlig unkompliziert in der Haltung. Sie lieben ausgedehnte Spaziergänge, sind gute Fresser, schwimmen gerne, wildern nicht und sind temperamentvolle, witzige Kumpels. Bichons sind besonders aufgeweckt und geben Laut, wenn Fremde sich dem Haus nähern. Sie kläffen aber nicht grundlos. Gefühlvolle und fröhliche Kleinhunde, spielerisch und voller Humor. Sie lieben Kinder über alles und spielen gerne und unentwegt.

Der **Malteser** soll der älteste unter ihnen sein und war einst unter anderem Namen bekannt: Melitea Hund, was dann fälschlicherweise zu Malta wurde. Auch nannte man ihn »Sanfter Spaniel«, »Comforter« (Tröster) oder »Malteser Löwenhund«. Er kuschelt gerne und war der Liebling von Madame Pompadour.

Der **Havaneser** ist ein stolzer Hund, der unbestrittene Herr im Hause. Ruhig und zurückgezogen, wenn niemand Zeit für ihn hat, zu jedem Unsinn aufgelegt, wenn mit ihm gespielt wird.

Die Haarart der zwei Rassen ist weich, wellig, in losen Locken.
Die Farben beim **Malteser** sind Weiß mit wenig Elfenbein; beim **Havaneser** Weiß, Beige, mehr oder weniger Dunkelbraun, Grau oder Weiß mit großen abgegrenzten Flecken.

Rassegeschichte

Phönizische Kaufleute haben die Ahnen dieser Rassen vermutlich vor über 2000 Jahren von Ägypten im Mittelmeerraum verbreitet. Im Grabmal des Pharao Ramses II (1301 bis 1225 v. Chr.) wurden Statuetten aus Naturstein gefunden, die den heutigen Bichons ähnlich sahen. Alle Bichons kamen schon immer im Mittelmeerraum vor, was auf diversen Werken seit der Antike bis ins 18. Jahrhundert klar ersichtlich ist. Der Havaneser ist vermutlich mit den Spaniern nach Kuba gebracht worden. Ein kleiner weißer, kuscheliger Begleiter der vornehmen Damen. Alle Bichons sollten die Widerristhöhe von 30 cm nicht überschreiten.

Steckbrief

Malteser: Malta
Havaneser: Kuba

Eigenschaften:

- Wachtrieb: 🐾🐾🐾
- Lauf- und Bewegungsbedürfnis: 🐾🐾🐾
- Tendenz zum Streunen: 🐾
- Menschenfreundlich: 🐾🐾🐾🐾
- Geeignet für Mehrfachhaltung: 🐾🐾🐾
- Familientauglich und gesellschaftsverträglich: 🐾🐾🐾🐾
- Erziehbarkeit: 🐾🐾🐾🐾
- Eignung für Senioren: 🐾🐾🐾🐾🐾

Arbeitsanlagen:

- Helfer des Menschen, Therapiehunde
- Begleiter

Besonderheiten:

- Bichons haaren nicht.

Malteser

Coton de Tuléar: Madagaskar/Frankreich
Bichon à Poil Frisé: Belgien

Eigenschaften:

- Wachtrieb: 🐾🐾🐾🐾
- Lauf- und Bewegungsbedürfnis: 🐾🐾🐾
- Tendenz zum Streunen: 🐾🐾
- Tendenz zum Jagen und Hetzen: 🐾🐾
- Menschenfreundlich: 🐾🐾🐾🐾🐾
- Geeignet für Mehrfachhaltung: 🐾🐾🐾🐾
- Familientauglich: 🐾🐾🐾🐾
- Gesellschaftsverträglich: 🐾🐾🐾🐾🐾
- Erziehbarkeit: 🐾🐾🐾🐾
- Eignung für Senioren: 🐾🐾🐾🐾🐾

Arbeitsanlagen:

- Begleiter

Coton de Tuléar

Anlagen und Bedürfnisse

In Frankreich nennen sie ihn »Antidepressivum«, den kleinen weißen Hund aus der madagassischen Hafenstadt Tuléar. **Der Coton**, so benannt nach seinem baumwollartigen Haarkleid, verbreitet wirklich gute Laune. Liebenswürdig, aufgeweckt und sehr intelligent, fordert er von seinem Besitzer immer wieder Aufmerksamkeit, um sein Hundeleben noch interessanter zu gestalten. Es ist kein Problem, ihm guten Gehorsam beizubringen, denn er passt sich sehr seinen Zweibeinern an. Wer Freude am Hundesport hat, findet ihn mit Feuereifer auf dem Agilityplatz oder auch an Mobilitywettkämpfen. Vom Coton findet man kein Haar in der Suppe. Er haart nicht. Das abgestorbene lose Haar muss aus gekämmt werden, sonst wird er zur Filzkugel. Haarfarben Weiß, graue oder gelbe Flecken sind jedoch insbesondere auf den Ohren.

Bichon à Poil Frisé

Auch der **Bichon à Poil Frisé** gehört zur Familie der Bichons, deren Aufgabe es war, vornehmen Damen Gesellschaft zu leisten oder als Wärmespender zu dienen. Diese Zwerghunde verfügen über sehr viel Charme. Das Haarkleid ist fein, in Korkenzieherlocken, Pflegeintensiv. Farbe Weiß mit dunkel pigmentierter Haut.
Widerristhöhe: max. 30 cm.

Rassegeschichte

Da der Coton de Tuléar eine relativ junge Rasse ist, sind seine Größe und auch Farbe noch nicht ganz durchgezüchtet. Neben den gewünschten bis zu 30 cm hohen Tieren fallen in Würfen manchmal noch Welpen an, die mehr als 35 cm hoch werden. So eben, wie sie teilweise heute noch in Madagaskar anzutreffen sind.
Der Bichon frisé hat in Europa eine jahrhunderte lange Tradition. Bereits im alten Rom waren kleine weiße Hunde Begleiter der Damenwelt.

Shi Tzu

Shi Tzu: Tibet/Großbritannien
Lhasa Apso: Tibet/Großbritannien

Eigenschaften:

- Wachtrieb: 🐾🐾🐾🐾
- Lauf- und Bewegungsbedürfnis: 🐾🐾🐾
- Menschenfreundlich: 🐾🐾
- Geeignet für Mehrfachhaltung: 🐾🐾
- Familientauglich und gesellschaftsverträglich: 🐾🐾🐾🐾🐾
- Erziehbarkeit: 🐾🐾🐾🐾
- Eignung für Senioren: 🐾🐾🐾🐾🐾

Arbeitsanlagen:

- Begleiter

Anlagen und Bedürfnisse

Der **Lhasa Apso** war in Tibet ebenso der Hund der Aristokratie wie auch der Mönche in den Klöstern. Er ist ein guter, kleiner Wächter und ein stolzer Hund. Heute gilt er als ein angenehmer Begleiter, selbst für ältere Menschen. Ein Lhasa Apso steht gerne im Mittelpunkt und gibt dies klar zu erkennen. Mit fremden Leuten hat er nichts am Hut, seine Familie liebt er dagegen über alles. Für schöne Spaziergänge ist er immer zu haben, sein Bewegungsdrang hält sich jedoch in Grenzen. Das seidige, lange Haarkleid in den unterschiedlichsten steinfarbenen Schattierungen braucht regelmäßige intensive Pflege. Lhasas eignen sich für Menschen, die sich intensiv um sie kümmern.
Widerristhöhe ca. 25 cm.

Der **Shi Tzu** entstand ebenfalls in tibetischen Klöstern, wo er als Tempelhund seine Aufgaben hatte oder Wache hielt. Er verkörpert die buddhistische Symbolfigur des Löwen. Dieser fröhliche, freundliche kleine Hund ist ein liebevoller Kamerad mit hübschem langem Haar und dichter Unterwolle in allen Farben.
Widerristhöhe: ca. 25 bis 27 cm.

Rassegeschichte

Beide tibetischen Rassen gelangten im Laufe ihrer Geschichte nach England und wurden dort weitergezüchtet. Sie gehören zu den Löwenhunden des Fernen Ostens und sind eng mit der Religion verbunden. Beides sind alte Rassen, die in der Malerei und in verschiedenen Materialien dargestellt wurden. Als mythologische Wesen hatten sie in den Klöstern die Gebetsmühlen zu treten, Geister zu beschwören und als Glücksbringer zu fungieren. Der Shi Tzu wurde nach China verschenkt, wo er am Hof in Peking weitergezüchtet wurde.

Lhasa Apso

Tibet Spaniel: Tibet/Großbritannien

Eigenschaften:

- Wachtrieb: 🐾🐾🐾
- Lauf- und Bewegungsbedürfnis: 🐾
- Menschenfreundlich: 🐾🐾🐾
- Geeignet für Mehrfachhaltung: 🐾
- Familientauglich und gesellschaftsverträglich: 🐾🐾🐾🐾
- Erziehbarkeit: 🐾🐾🐾
- Eignung für Senioren: 🐾🐾🐾🐾

Arbeitsanlagen:

- Begleiter

Tibet Spaniel

Anlagen und Bedürfnisse

Der Tibet Spaniel hat ein erfrischendes Temperament und viel Charakter. Fremden gegenüber ist er zurückhaltend, seiner Familie aber liebevoll ergeben. Auf Launen und Gefühle seines Besitzers geht ein Tibet Spaniel sehr ein, er ist auch nicht so leicht zu täuschen und nimmt Anteil am Befinden seiner Menschen. Er sollte von Welpe an gut erzogen werden, dann ist er ein angenehmer Hausgenosse und eignet sich für Menschen jeden Alters. Wie aus ihrer langen Geschichte ersichtlich ist, waren diese Hunde gerne in Gesellschaft der Mönche. Sie sind typische Begleiter und nicht für die Einsamkeit geboren. Tibet Spaniels mögen auch andere Hunde, mit denen sie sich gut vertragen. Alleine und sich selbst überlassen, oder gar in einem Zwinger verkümmern sie vollends. Der Tibet Spaniel ist eine gesunde, robuste Rasse mit hoher Lebenserwartung. Tibet Spaniel sind reinliche Tiere, sie verbringen viel Zeit mit ihrer eigenen Fellpflege.

Das Deckhaar ist von seidener Struktur mit feiner Unterwolle. Während des Haarwechsels erfordert das Fell, das in allen Farben vorkommen kann, regelmäßiges Kämmen.

Widerristhöhe: 25,4 cm.

Rassegeschichte

Tibet war ein isoliertes, mystisches Land im Himalaja, seine Bewohner pflegen viele religiöse Traditionen. Im 7. Jahrhundert gelangte der Buddhismus von China nach Tibet, und die Tibeter formten diese Lehre für ihre Bedürfnisse und mit ihren Symbolen. In den abgelegenen Klöstern des Tibet soll es schon seit alters her mehr oder weniger rein gezüchtete Hunde gegeben haben: den Shih Tzu, den sino-tibetischen Lhasa Apso und den Tibet Spaniel. Wobei der unpassende Name Spaniel erst in Europa hinzugefügt wurde. Ihr Leben verbrachten sie in den Klöstern, wo sich die Hunde jeweils hoch über den Tälern auf den Klostermauern niedergelassen haben, um Wache zu halten.

Marco Polo soll diese goldfarbene Hunde beschrieben haben und Händler brachten sie über die Seidenstrasse nach Europa. Der Tibet Spaniel tauchte erstmals 1895 in England auf und 1920 führte die Ärztin und Missionarin Dr. Grieg eine Anzahl tibetischer Hunde in England ein. Sie war es dann auch, die mit der Zucht von Tibet Spaniels den Grundstein legte.

Pekingese

Pekingese: China

Eigenschaften:

- Wachtrieb: 🐾 🐾
- Lauf- und Bewegungsbedürfnis: 🐾 🐾 🐾 🐾
- Menschenfreundlich: 🐾 🐾 🐾
- Geeignet für Mehrfachhaltung: 🐾 🐾 🐾 🐾
- Familientauglich und gesellschaftsverträglich: 🐾 🐾 🐾 🐾
- Erziehbarkeit: 🐾 🐾 🐾
- Eignung für Senioren: 🐾 🐾 🐾 🐾

Arbeitsanlagen:

- Begleiter

Steckbrief

Anlagen und Bedürfnisse

Der Peking Palasthund oder Pekingese ist eine alte kaiserliche Zwerghundrasse aus dem Reich der Mitte. Er ist bekannt als ein eigenständiges, kluges Wesen, das so leben will, wie es ihm passt. Bisweilen ist der Kleine stur, aber alles gepaart mit der Courage eines Löwen. Er passt sich jeder Wohnform an, sei es auf dem Land oder in einer kleinen Stadtwohnung. Im Gegensatz zur landläufigen Meinung ist der Pekingese kein Kläffer, er warnt aber vor fremden Schritten. Die Erziehung braucht Geduld: wenn eine Übung zwanzig Mal nicht geklappt hat, beim nächsten Versuch funktioniert es, und er kann es für immer.
Sein langes glattes Haar gibt es in allen Farben außer Leberbraun, es muss einmal wöchentlich tüchtig gekämmt werden.

Rassegeschichte

Der kleine chinesische Hund mit dem Aussehen eines Miniaturlöwen wurde sehr verehrt, dies bezeugen unzählige Statuen aus Ton, Jade, Keramik und Holz und Darstellungen in der traditionellen chinesischen Malerei. Über viele Jahrhunderte gab es in China heilige Hunde, die alle dem heutigen Pekingesen ähnlich sind. Selbst in alten Reiseberichten Marco Polos (1271–1295) werden die löwenartigen kleinen Hunde am kaiserlichen Hof beschrieben jeder Versuch, einen Hund aus dem Palast zu entwenden. Auch später wurde unverzüglich mit dem Tode bestraft. Im Jahre 1860 stürmten englische Truppen den Palast in Peking. Die Höflinge flohen und nahmen alles mit, einschließlich der kostbaren Zwerghunde. So fielen nur fünf Exemplare in die Hände der britischen Offiziere, die sie nach Europa nahmen. Der Schönste wurde Königin Victoria übergeben und wurde zu ihrem Lieblingshund. Ein Bildnis der Herrscherin ist im Windsor Castle mit einem solchen Hund zu bewundern.

Phalène: Frankreich
Papillon: Frankreich

Eigenschaften:

- Wachtrieb: 🐾
- Lauf- und Bewegungsbedürfnis: 🐾 🐾
- Menschenfreundlich: 🐾 🐾 🐾 🐾
- Geeignet für Mehrfachhaltung: 🐾 🐾 🐾
- Familientauglich und gesellschaftsverträglich: 🐾 🐾 🐾 🐾
- Erziehbarkeit: 🐾 🐾 🐾
- Eignung für Senioren: 🐾 🐾 🐾 🐾

Arbeitsanlagen:

- Begleithund, Agility

Papillon

Anlagen und Bedürfnisse

Der **Papillon** ist kein Schoßhund, zu sportlich, zu vital und zu lebhaft zeigt sich dieser kleine Hund mit den lustigen Ohren. Der Papillon und der **Phalène** sind die kleinste Spanielrasse und der offizielle Name heißt »Epagneul nain continental«. Als Papillon bezeichnet man die stehohrige Varietät, die ihre reichlich behaarten Ohren schräg aufrecht tragen, an Schmetterlinge erinnern und deshalb in Frankreich den Namen »Papillon« erhielten. Als »Phalène« (Nachtfalter) bezeichnet man jene Varietät mit hängenden Ohren, die ebenfalls mit langen, seidigen Haaren versehen ist.

Phalène

Der Kontinentale Zwergspaniel war einst der kleinste Hund Europas. Mit der beginnenden Verbreitung des Chihuahua und des Yorkshire Terriers haben der Papillon und der Phalène an Popularität verloren. Kenner halten jedoch weiterhin am Zwergspaniel fest, einer ganz normalen Rasse ohne übertriebene Merkmale und ohne rassebedingte Gesundheitsprobleme. Papillon sind als erwachsene Hunde sensitiv, im Welpenalter als quirlige Egoisten bekannt. Passt zu allen liebevollen Menschen und kommen in allen Farben mit weißem Grund vor.
Widerristhöhe: 28 cm.

Rassegeschichte

In der Renaissance und im Barock haben große Meister der italienischen Schule diese Hündchen dargestellt, meistens als Begleiter von adeligen Damen. Die kleinen Hunde sind in Mittelitalien vermutlich als Stöberhunde für die Jagd auf Wachteln und Rebhühner gebraucht worden. Wie so viele andere Hunde der aristokratischen Gesellschaft sind sie aber im Zuge der französischen Revolution bis auf wenige Exemplare vernichtet, später jedoch in Frankreich als Rasse wieder aufgebaut worden. Vermutlich liegt der eigentliche Ursprung des Papillon und Phalène in der Toskana, der »Wiege« der Renaissance.

Kromfohrländer

Kromfohrländer: Deutschland

Eigenschaften:

- Wachtrieb: 🐾🐾
- Lauf- und Bewegungsbedürfnis: 🐾🐾🐾
- Tendenz zum Streunen: 🐾
- Menschenfreundlich: 🐾🐾🐾🐾
- Familientauglich und gesellschaftsverträglich: 🐾🐾🐾🐾
- Erziehbarkeit: 🐾🐾🐾🐾
- Eignung für Senioren: 🐾🐾🐾🐾

Arbeitsanlagen:

- Sportbegeistert: Agility, Obedience
- Begleiter

Anlagen und Bedürfnisse

Kromfohrländer sind anhängliche Familienmitglieder, tolerant mit Kindern, Fremden gegenüber jedoch gleichgültig. Befehle begreift dieser Hund schnell und nachhaltig, er ist deshalb ein idealer Begleiter, auch hat er kaum Jagdinstinkt. Die Gefahr, dass er vielleicht mal eigene Wege geht ist deshalb klein. Aggressivität und Ängstlichkeit sind zuchtausschließende Fehler. Sein Überlebenswille in der Nachkriegszeit hatte deutlich gemacht, dass der Kromfohrländer eine robuste Gesundheit mit hoher Lebenserwartung hat. Der heutige Kromfohrländer hat ein liebevolles, ausgeglichenes Naturell, gerade so, als bedanke er sich für seine Rettung (siehe Rassengeschichte). Er passt zu vielen Menschen.

Es gibt ihn mit kurzem, mittellangem oder langem rauhaarigem Haarkleid in den Farben Weiß mit rotbraunen Flecken.

Widerristhöhe: 38 bis 46 cm.

Rassegeschichte

Während des Zweiten Weltkrieges streunte ein mittelgroßer, weißer Hund mit rot-braunen Flecken im Siegenerland bei Westfalen auf der »Krom Fohr« (krumme Furche) herrenlos umher. Gerüchteweise wurde erzählt, dass er mit Soldaten von Frankreich gekommen sei. Wochenlang strolchte der junge Hund auf der Suche nach Futter. Völlig abgemagert wurde er von Ilse Schleifenbaum aufgegriffen, die ihn nach Hause nahm, aufpäppelte und ihm den Namen »Peter« gab. Seinem Aussehen nach mussten seine Eltern zur Rasse der Griffons gehört haben. Der kleine Hund hatte sich schnell erholt und wurde ein angenehmer Begleiter. Mit Peter und einer schwarzweißen Foxterrierhündin wurden in der Folge mehrere Würfe gemacht. Diese Nachkommen waren schließlich die Ausgangsrassen des heutigen Kromfohrländers und damit eine der jüngsten Züchtungen in der Kynologie. Sein Werdegang ist rührend und einmalig, wie auch sein Charakter.

Französische Bulldogge: Frankreich
Boston Terrier: USA

Eigenschaften:
- Wach- und Schutztrieb: 3/5
- Lauf- und Bewegungsbedürfnis: 2/5
- Menschenfreundlich: 5/5
- Geeignet für Mehrfachhaltung: 3/5
- Familientauglich und gesellschaftsverträglich: 5/5
- Erziehbarkeit: 5/5
- Eignung für Senioren: 5/5

Arbeitsanlagen:
- Begleiter

Französische Bulldogge

Anlagen und Bedürfnisse

Die **Französische Bulldogge** hat eine niedliche Größe von ca. 30 cm und passt auch in eine kleine Wohnung. Sie liebt die Menschen und macht alles fröhlich mit, Hauptsache sie ist dabei: ob mit dem Auto, auf kleinen Spaziergängen oder im Büro. Ein idealer Gefährte für jeden Hundefreund: Der »Frenchie« ist anpassungsfähig und unkompliziert, ein witziger kleiner Clown. Das kurze, glatt glänzende Haarkleid kommt in den Farben Falb in allen Abstufungen sowie gestromt vor.
Der **Boston Terrier** ist kein Terrier im eigentlichen Sinn. Als Bulldogge kam er nach Amerika, wo er weiterentwickelt wurde und seine heutige Gestalt bekam. Die Amerikaner sind stolz auf ihn und er gilt als der amerikanische Nationalhund schlechthin. Von seinen Anhängern wird er folgendermaßen definiert: »Von der englischen Bulldogge erbte er Furchtlosigkeit und Beharrlichkeit, vom Bullterrier Intelligenz und Schneid und von der Französischen Bulldogge Temperament und Charme«.
Sein kurzes glattes Haar kommt in den Farben Schwarz mit weißen Abzeichen oder gestromt mit weißen Abzeichen vor.
Widerristhöhe: 35 bis 42 cm.

Boston Terrier

Beide Rassen sind kurznasig und neigen zum Schnarchen, sie haben mitunter auch Atemprobleme. Extreme Hitze ertragen sie schlecht. Die hervortretenden Augen müssen gegen Verletzungen besonders geschützt werden.

Rassegeschichte

Arbeiter aus Großbritannien brachten Ende des 19. Jahrhunderts ihre englischen Zwergbulldoggen in die Normandie. Kurze Zeit später machte diese in Paris eine steile Karriere. Ausgangsrasse waren die englische Bulldogge, die früheren Bullenbeißer, der Bullterrier und schließlich die liebenswürdige Französische Bulldogge.

Chinesischer Schopfhund

Chinesischer Schopfhund:
China/Großbritannien

Eigenschaften:

- Wachtrieb: 🐾🐾🐾
- Lauf- und Bewegungsbedürfnis: 🐾🐾
- Menschenfreundlich: 🐾🐾🐾🐾
- Geeignet für Mehrfachhaltung: 🐾🐾🐾🐾
- Familientauglich: 🐾🐾🐾🐾
- Gesellschaftsverträglich: 🐾🐾🐾
- Erziehbarkeit: 🐾🐾🐾
- Eignung für Senioren: 🐾🐾🐾🐾

Arbeitsanlagen:

- Begleiter

Anlagen und Bedürfnisse

Haarlose Hunde sind eigentlich eine Mutation, eine Laune der Natur. Bei den **Chinesischen Schopfhunden** (Chinese Crested Dog) gibt es zwei Varietäten: den ganz Haarlosen und den Hund mit dem Schleierhaar (Powder Puff), die Puderquaste! Beide kommen in allen Farben vor. Schopfhunde sind ulkige Gesellen, nicht nur wegen ihres Aussehens, sonder auch wegen ihrer Art. Dreist und furchtlos pflanzen sie sich auf den besten Sessel im Wohnraum. Niemals aggressiv, immer fröhlich, zärtlich und pflegeleicht. Es sind anhängliche Wärmespender, denn Schopfhunde leben mit einer leicht erhöhten Körpertemperatur. Da sich bei den Haarlosen die Haarbüschel nur an den Ohren, der Rute und den Pfoten bilden, sind sie für Allergiker besonders geeignet. Es gibt zwei unterschiedliche Schläge, den rassigen und feinknochigen »Deer type«, sowie den gedrungenen»Cobby type«, der einen kräftigeren Körper- und Knochenbau aufweist. Die haarlose Varietät muss gegen Sonne und Kälte geschützt werden.

Widerristhöhe: 23 bis 33 cm.

Rassegeschichte

Schon immer fielen in warmen klimatischen Verhältnissen von Asien, Afrika und Südamerika haarlose Welpen, die sich erstaunlicherweise am Leben erhalten konnten. Es wird berichtet, dass beispielsweise die mexikanischen Indianer Nackthunde in großer Anzahl hielten. Die Hündinnen nahmen sie zur Zucht, der Grossteil der Rüden wurde kastriert, gemästet und gegessen!! Das wird vermutlich in China nicht anders gewesen sein. Schon im 15. Jahrhundert soll es in China haarlose Hunde gegeben haben, die dann mit den Seefahrern vor allem in die Vereinigten Staaten kamen. Seit je her gab es in Japan, Afrika, Westindien, Zentral- und Südamerika schon immer diese haarlosen Hunde.

Windhunde

Windhunde gehören zu den ältesten Jagdhunden überhaupt, das bezeugt eine 6000 Jahre alte Darstellung eines Jägers mit seinem Hund, die in Südanatolien gefunden wurde. Auch viele Abbildungen aus dem alten Ägypten zeigen deutlich, welchen Stellenwert ein Jagdhund hatte. Arabische und orientalische Windhunde genossen seit jeher große Wertschätzung, es war ihnen vergönnt, mit ihrem Meister im Zelt zu wohnen. Erstaunlicherweise, denn in diesen Gegenden gelten Hunde grundsätzlich als unrein, schmutzig, und verdienten keine Zuwendung. Bei Windhunden ist das anders, es waren über Jahrhunderte diejenigen, die den Beduinen und Wüstenfürsten zu Nahrung verhalfen.

Windhunde hetzen mit den Augen, es sind so genannte Sichtjäger. Sie kommen in verschiedenen Varianten auf der ganzen Welt vor: Es gibt die östlichen Typen, die westlichen Typen und die mediterranen Typen. Windhunde sind anhänglich und ruhig im Hause, im Freien aber von unbändiger Jagdlust geprägt. Eine Leidenschaft, der man Rechnung tragen muss, will man sich einen Windhund erwerben. Alle bewahren sich noch immer eine große Portion Eigenständigkeit und Urtümlichkeit.

Whippet

Anlagen und Bedürfnisse

So wie »Otto Normalverbraucher« den Whippet zu kennen glaubt, so ist er nicht! Fest steht, der Whippet ist ein zäher, robuster und schneidiger Hund. Der Standard beschreibt ihn als freundlich und ausgeglichen. Eine weitere Tugend ist sein Humor und seine Gutmütigkeit. Er ist geradezu der ideale Familienhund, zumal er schon von seiner Größe her zu Kindern passt und tolerant jeden Unsinn über sich ergehen lässt. Im Hause ruhig wie eine Katze, in Wald und Feld aber ein unerbittlicher Jäger: blitzartig kommt ihm die Idee, seinen Hetztrieb vollends auszuleben. Er ist und bleibt ein Windhund, der unter Kontrolle gehört. Gehorsam ist kein Fremdwort, aber der Appell muss trainiert werden und an der Leine laufen kommt öfters vor als ohne Leine.

Trotzdem, der Whippet braucht viel Auslauf. Seine robuste Gesundheit ist sprichwörtlich, »beim Whippet sind die Betriebskosten gering«. Kälte mögen diese robusten Hunde lieber als große Hitze. Im Winter brauchen sie einen trockenen, zugfreien Schlafplatz, gerne legen sie sich jedoch in die Sonne. Das höchste aller Gefühle aber – Dösen auf Frauchens Bett!

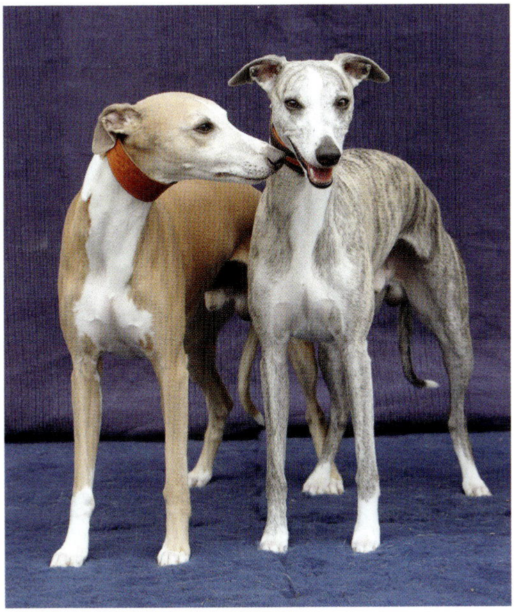

Whippet: Großbritannien

Eigenschaften:

- Wachtrieb: 🐾🐾🐾
- Lauf- und Bewegungsbedürfnis: 🐾🐾🐾🐾🐾
- Tendenz zum Jagen und Hetzen: 🐾🐾🐾🐾🐾
- Menschenfreundlich: 🐾🐾🐾🐾
- Familientauglich und gesellschaftsverträglich: 🐾🐾🐾
- Erziehbarkeit: 🐾🐾
- Eignung für Senioren: 🐾🐾🐾

Arbeitsanlagen:

- Sportbegeistert, Windhundrennsport
- Begleite

Diese sportlichen Hunde sind versessen auf die Rennbahn oder aufs Coursing, bei welchem der »Hase« in freier Natur über das Gelände gezogen wird. Hier kann er seine große Hetzlust ausleben. Der Whippet ist eine pflegeleichte Rasse. Selbst nass und verschmutzt bis zum Bauch ist er im Nu wieder trocken und sauber abgewischt. Sein Fell ist kurz und satt anliegend in allen Farben.
Widerristhöhe: 44 bis 51 cm.

Rassegeschichte

Vermutlich war der Greyhound die Ausgangsrasse, für die Arbeiterklasse jedoch unerschwinglich. Diese Tatsache veranlasste die Leute, gegen Ende des 18. Jahrhunderts den Whippet zu züchten. Zwar wesentlich kleiner, aber dennoch in der Gestalt eines Greyhounds. Ihre Besitzer zogen Rennen oder setzten die Hunde zur Kaninchenhatz ein. Die Kraft im Kiefer mit der Fähigkeit, eine Beute festzuhalten, gab dem Whippet den Namen »Snap Dog«. Auf die einzelnen Hunde wurde gewettet, was ihnen zudem die Bezeichnung »des armen Mannes Rennpferd« eintrug. Diese Hunde erhielten stets das beste Futter. Es wird erzählt, dass ein Eisenarbeiter, der nur ein bis zwei Tage in der Woche Arbeit hatte, selbst fast nur von Brot lebte, seinem Whippet aber fütterte er Fleisch.

Deerhound (Schottischer Hirschhund)

Anlagen und Bedürfnisse

Der **Deerhound**, in den schottischen Highlands für die Jagd auf den Hirsch gebraucht, ist ein großer, kraftvoller und beeindruckender Windhund mit einem sanften und gelassenen Wesen. Stoisch ruhig im Hause, temperamentvoll im Freien. Wie alle Windhunde ist er ein Sichtjäger, was bedeutet, dass er niemals unbeaufsichtigt lossausen darf, denn er könnte Wild hetzen. Trotz seiner ungestümen Art ist er ein gehorsamer, zurückhaltender Kamerad, ein idealer Familienhund. Genau so wichtig wie die regelmäßige Bewegung ist die ausgewogene Ernährung, insbesondere für Junghunde, die sehr schnell wachsen. Aufgrund seiner Eigenschaften lässt sich ein doch relativ großer und bewegungsfreudiger Deerhound problemlos in einer Wohnung halten. Er läuft gerne an Jagd-Coursings, eine simulierte Jagd, bei welcher der Hund in natürlichem Gelände einen künstlichen Hasen hetzt. Der Deerhound hat zottiges, dichtes Rauhaar in den Farben Grau, gestromt, Gelb, Rotsandfarben, Rotbraun mit schwarzer Maske, schwarzen Ohren, wenig weiß auf der Brust, an den Zehen und am Rutenende.
Widerristhöhe: 71 bis 76 cm.

Der **Irish Wolfhound** ist die größte Hunderasse in der ganzen Kynologie. Trotz dieser Hünenhaftigkeit kennt er weder Furcht noch Aggression, er ist ein „sanfter Riese" ohne stark ausgeprägten Schutztrieb. Dieses rassetypische Verhalten macht auch ihn zum idealen Familienhund. Aber eben, er ist groß! Die Aufzucht des Irish braucht besonderes Augenmerk, denn er muss als Junghund wegen seiner Gelenke und Muskeln sorgfältig ernährt

und bewegt werden. Der ausgewachsene Hund liebt ausgedehnte Spaziergänge, zu Hause ist er lammfromm. Obwohl er ein Windhund ist, besitzt er keinen Hetztrieb und ist deshalb für die Rennbahn nicht geeignet. Das Haarkleid ist rau und hart, in den Farben Grau, gestromt, Rot, Schwarz, Falb, Weizen, Stahlgrau
Widerristhöhe: 71 bis 79 cm

Rassegeschichte

Der **Deerhound** ist eng verwandt mit dem **Irish Wolfhound**, der vermutlich die Ausgangsrasse war. Beides sind alte Rassen, die ursprünglich als Kriegshunde mit den Kelten nach Irland und auf die Britischen Inseln kamen. Dort wurde der Irish Wolfhound als Wolfsjäger hoch geschätzt. Er ist eine kräftige Erscheinung in Windhundform mit schweren Knochen. Sein Kopf ist breiter als beim Deerhound, die gesamte Erscheinung schwerer. Beide Rassen waren im 19. Jahrhundert vom Aussterben bedroht, wären da nicht Förderer wie Captain Graham gewesen, die mit einem gezielten Zuchtprogramm eine kleine Population retten konnten.

Deerhound (Schottischer Hirschhund): Großbritannien
Irish Wolfhound: Irland

Eigenschaften:

- Wach- und Schutztrieb: 🐾🐾
- Lauf- und Bewegungsbedürfnis: 🐾🐾🐾
- Tendenz zum Jagen und Hetzen:
  Deerhound: 🐾🐾🐾
  Irish Wolfhound: nein
- Menschenfreundlich: 🐾🐾🐾
- Familientauglich und gesellschaftsverträglich: 🐾🐾🐾
- Erziehbarkeit: 🐾🐾
- Eignung für Senioren: 🐾

Arbeitsanlagen:

- Coursing oder Rennbahn

Irish Wolfhound

Irish Wolfhound

Greyhound

Anlagen und Bedürfnisse

Der **Greyhound** ist nach dem Gepard das schnellste Tier der Erde. Unzählige Werke der Malerei aus mehreren Jahrhunderten zeigen Windhunde als Begleiter des Adels. Leider fristet ein großer Teil dieser herrlichen Hunde in jenen Ländern, in welchen mit Windhundrennen ein Wettsystem existiert, ein abscheuliches Dasein: in Massen für die kommerzielle Rennbahn gezüchtet, rennen sie um ihr Leben. Wenn keine großen Gewinnsummen mehr zu erzielen sind, werden diese Kreaturen auf grausame Weise vernichtet. Von Natur aus sind Greyhounds höchst liebenswerte Geschöpfe, sensibel, treu und zärtlich, frei von jeder Aggressivität. Sie brauchen Familienanschluss, ziehen sich mitunter auch gerne zurück. Was sie brauchen ist Bewegung und am liebsten sausen sie über weite Strecken. Diese Vollblutathleten kennen jedoch keine Gnade, sollten sie mal ein Wildtier erspähen. Ein Äquivalent für diese Hetze ist die Amateurrennbahn oder das Coursing. Der Greyhound hat kurzes, glattes Haar in allen Farben uni oder gestromt, mit oder ohne Weiß.
Widerristhöhe: 68 cm bis 76 cm.

Der **Galgo Español** ist eine alte Rasse die schon seit dem Mittelalter auf der iberischen Halbinsel beheimatet gewesen ist. Noch heute werden Galgos in Andalusien auf der Jagd nach Hasen und Karnickeln eingesetzt. Ebenso wird er als Familien- und sogar als Hof- und Wachhund gehalten, denn er ist Fremden gegenüber misstrauisch. Dieser Hund kommt nur in Spanien als Jagdgebrauchs-

Galgo Español

Greyhound: Großbritannien
Galgo Español: Spanien
Magyar Agar: Ungarn

Eigenschaften:

- Wach- und Schutztrieb: 🐾🐾🐾
- Lauf- und Bewegungsbedürfnis: 🐾🐾🐾🐾🐾
- Tendenz zum Jagen und Hetzen: 🐾🐾🐾🐾🐾
- Menschenfreundlich: 🐾🐾🐾🐾🐾
- Geeignet für Mehrfachhaltung: 🐾🐾
- Familientauglich und gesellschaftsverträglich: 🐾🐾🐾
- Erziehbarkeit: 🐾🐾
- Eignung für Senioren: nein

Arbeitsanlagen:

- Sportbegeistert: Windhundrennsport
- Begleiter

Steckbrief

hund vor. Den Galgo Español gibt es in Kurz- und Rauhaar, alle Farben sind vertreten.
Widerristhöhe: 63 bis 70 cm.

Die Jagd mit Windhunden war in Ungarn ein Privileg des Adels. Zusehends wurde dieser tüchtige Windhund, der **Magyar Agar** auch bei den Bauern sehr beliebt, denn er hatte den Ruf als »Wilderer« und es verhalf so mancher Magyar Agar seinem Bauern zum sonntäglichen Hasenbraten! Diese Hunde waren kleiner, derber und kräftiger als diejenigen der Edelleute. Man geht davon aus, dass dieser zähe Hund vermutlich dem Idealtyp des heutigen Magyar Agar entspricht, den man heute zwar selten noch antrifft. Sein Haarkleid kurz und anliegend in allen Farben. Widerristhöhe: 62 bis 70 cm.

Rassegeschichte

Wie bei allen Völkerwanderungen üblich, brachten die Menschen ihre Jagdhunde mit, die sich dann mit den Hunden der ansässigen Bevölkerung vermischten. Diese Jagdhunde waren vermutlich Nachkommen des »Veltragus«, dem Urvater aller okzidentalen Windhunde. In früheren Jahrhunderten waren slawische Volksstämme im Karpatenbecken eingewandert; schon die Kelten brachten schlanke schnelle Hunde mit, was spätere Funde von Schädelknochen bezeugen.

Galgo Español

Magyar Agar

Barsoi

Anlagen und Bedürfnisse

Iwan der Schreckliche unterhielt einen »fürstlichen Rüdenhof«; denn die immensen Jagdgebiete der Edelleute verlangten große Hundemeuten für eine Hetzjagd auf den Wolf. Das Eigenschaftswort »borzij« bedeutet »flink« und das Wort »Barzaja« heißt Windhund. »Russkaja Psowaja Barzaja« heißt also nichts Weiteres als »Russischer Windhund«. Das Wesen des Barsois ist vornehm, gelassen und ruhig. Aber sein Herz gehört der Jagd, er reagiert im Freien schnell und furchtlos. Jahrhunderte lang wurde er in Meuten gehalten, in denen jeder Hund für sich selber verantwortlich war. Barsois sind große Hunde und brauchen viel Bewegung und Auslauf, wobei dies fast immer an der Leine oder in einem eingezäunten Gelände zu geschehen hat. Dem Barsoi ist durchaus Gehorsam beizubringen, seine Anhänglichkeit und seine wilde Hetzlust in Einklang zu bringen ist aber kein einfaches Unterfangen. Der markante Kopf ist schmal und lang, das gewellte Haar des Barsois hat dichte Unterwolle und kommt in allen Farben vor. Es muss regelmäßig gebürstet und gekämmt werden, damit es nicht verfilzt. Ansonsten ist der Barsoi wie alle Windhunde anspruchslos und pflegeleicht. Auf der Rennbahn oder beim Coursing kann er seine Hetzlust ideal ausleben. Ein Hund für aktive, junge Menschen.

Widerristhöhe: 75 bis 80 cm.

Rassegeschichte

Ausgrabungen beim Ladogasee haben aufgezeigt, dass dort schon zur Jungsteinzeit Torfhunde gelebt haben, deren Schädelformen von anderen Funden stark abwichen. Dass es allerdings schon im 11. Jahrhundert bei Kiew Treibjagden gegeben hat, beweist ein Fresko in der Sophien Kathedrale mit jagenden Windhunden. Dem Vernehmen nach soll der Gutsherr Samsonow in Smolensk eine bombastische tausendköpfige Jagdmeute gehalten haben, 500 davon waren Barsois! Als Zar Alexander II 1861 die Leibeigenschaft aufhob, verschwanden die Feudalherrschaft und die billigen Arbeitskräfte, Tausende von Hunden wurden umgebracht, lediglich wenige gute Tiere blieben übrig. Zögerlich etablierten sich wieder einzelne Zuchtstätten. 1887 gründete der Bruder des Zaren seine Perchinojagd, die zur berühmtesten Zuchtstätte Russlands wurde. Noch heute finden die Perchinohunde auf der ganzen Welt Anerkennung.

Barsoi: Russland

Eigenschaften:

- Wach- und Schutztrieb: 🐾🐾🐾🐾
- Lauf- und Bewegungsbedürfnis: 🐾🐾🐾🐾🐾
- Tendenz zum Jagen und Hetzen: 🐾🐾🐾🐾🐾
- Menschenfreundlich: 🐾🐾🐾
- Familientauglich und gesellschaftsverträglich: 🐾🐾
- Erziehbarkeit: 🐾🐾
- Eignung für Senioren: nein

Arbeitsanlagen:

- Schutz- und Wachtrieb, Rennsport
- Begleiter

Afghanischer Windhund

Anlagen und Bedürfnisse

Der **Afghanische Windhund** ist ein Hetzhund, der auf Sicht jagt. Er ist ein sogenannter Sichtjäger und hat eine beachtliche Größe (Risthöhe 60 bis 74 cm). Beliebt ist er wegen seines seidigen Haarkleids und des stolzen Gehabes. Er ist unabhängig, würdig und zurückhaltend, behält aber die Umgebung stets im Auge. Von Natur aus ein Einzeljäger, der sich nicht gerne unterordnet, besitzt er einen starken Willen, was von Ignoranten als stur bezeichnet wird. Allerdings: leicht »erziehbar« ist er nicht, denn er verfügt über viel instinktive Intelligenz, das heißt, er wäre in der Lage, sich eigenständig durchs Leben zu schlagen. Diese Hunde verblüffen ihre Besitzer durch selbständiges Handeln und Denken. Der Afghanische Windhund ist nicht nur höchst attraktiv, in seiner Brust schlägt ein überschwängliches, treues Herz.

Er braucht um gesund zu bleiben, täglich viel Auslauf. Deshalb gehört er in die Hand von aktiven Menschen, welche ihm die Möglichkeit geben, artgerecht zu leben und ihn vielleicht auf die Rennbahn oder zum Coursing bringen. Dort wird er mit Begeisterung die fliehende Attrappe verfolgen, denn schließlich wurde er für die Jagd auf fliehendes Wild gezüchtet. Er vermag aber auch eine Fährte aufzunehmen und kann zuverlässig apportieren. Schließlich ist er auch ein guter Wächter. Das Fell des Afghanischen Windhund ist lang und seidig in allen Farben. Die Pflege ist eher

Afghanischer Windhund:
Afghanistan/Großbritannien

Eigenschaften:

- Wach- und Schutztrieb: 4 von 5
- Lauf- und Bewegungsbedürfnis: 5 von 5
- Tendenz zum Streunen, Jagen und Hetzen: 5 von 5
- Menschenfreundlich: 3 von 5
- Familientauglich und gesellschaftsverträglich: 2 von 5
- Erziehbarkeit: 1 von 5
- Eignung für Senioren: nein

Arbeitsanlagen:

- Sportbegeistert: Windhundrennbahn, Jagdcoursings
- Begleiter

aufwändig, denn sein Haarkleid muss regelmäßig gebürstet und gelegentlich sogar gewaschen und trocken geföhnt werden.

Rassegeschichte

In einer Legende heißt es, dass Noah einen Afghanischen Windhund auf die Arche nahm und ihm dabei ein weißes Zeichen auf die Nase setzte. Viele Hunde haben noch heute einen weißen Fleck auf der Nase. Der Ursprung dieser alten Rasse ist unklar. Unter den aus dem Orient und Nordafrika stammenden Hunden gab es neben den Kurzhaarigen auch solche mit langem Haarkleid, was insbesondere in der rauen Gebirgsregion Afghanistans von gutem Nutzen war. Der Afghane wurde von Nomaden zur Nahrungsbeschaffung gehalten und als effizienter Jagdhund im Berggebiet oder in den Steppen gebraucht. Einer dieser Nomadenstämme, Pashtuden genannt, sind vermutlich von Persien nach Afghanistan eingewandert. Mit ihnen die Hunde, die sie Thasi nannten und die wichtig für ihren Lebensunterhalt waren. Ein Thasi durfte niemals verkauft oder gar in andere Länder ausgeführt werden. Ein Nichtbeachten soll gar mit dem Tod geahndet worden sein; denn der Afghanische Windhund galt als ein Geschenk Allahs.

Saluki

Anlagen und Bedürfnisse

Das Wesen der orientalen Windhunde ist widersprüchlich, sie sind sanfte Energiebündel. Wie alle Windhunde sind sie im Freien geladen mit Initiative, zu Hause aber lammfromm und genügsam. Sie sind eigenständige Hunde mit großem Hetztrieb: Ein Spaziergang ohne Leine ist ein Risiko, denn Windhunde sind Sichtjäger und entfernen sich weit, sobald sich etwas in der Ferne bewegt. Und sie sind schnell! Sie wurden seit alters her zusammen mit dem Falken auf der Jagd gebraucht. Man hob den Hund in den Sattel und verfolgte das Wild. Erst nachdem der Falke die Gazelle ausgemacht hatte, kam der Windhund zum Einsatz, der als unermüdlicher, schneller Läufer das Tier einzuholen vermochte. Heute werden Pferd oder Kamel bei der Jagd durch das Auto ersetzt. Die orientalischen Windhunde haben eine besondere Ausstrahlung. Was ist es, das sie so unnahbar und doch so zauberhaft erscheinen lässt? Es scheint, als ob sie einen durchschauen könnten. Diese Orientalen sind gesunde, angenehme, anhängliche Partner, Fremden gegenüber reserviert bis abweisend. Fest steht: Sie sind zwar geeignet als Familienhunde, aber nur unter der Bedingung, dass sie artgerecht gehalten werden, was Bewegen ohne Ende bedeutet und eine Möglichkeit, ihre Hetzlust auf der Bahn auszuleben. Einfach zu erziehen sind sie nicht und mit Härte kommt man nicht zum Ziel.

Den **Saluki** gibt es kurzhaarig oder mit einer weichen langen Befederung an Ohren Läufen und Rute, beide Varietäten kommen in allen Farben vor.

Der **Sloughi** hat ein hellsandfarbenes bis rötliches, kurzes Haarkleid, das mit oder ohne schwarzer Maske und Sattel geschmückt ist und auch gestromt vorkommt.

Der **Azawakh** ist kurzhaarig in den Farben Hellsandfarben bis zu dunklem Fauve, in allen Schattierungen.

Widerristhöhe:
Saluki: 58 bis 71 cm.
Sloughi: 61 bis 72 cm.
Azawakh: 60 bis 74 cm.

Saluki

Saluki: Mittlerer Osten
Sloughi: Marokko
Azawakh: Mali/Frankreich

Eigenschaften:

- Wach- und Schutztrieb: 🐾🐾🐾🐾
- Lauf- und Bewegungsbedürfnis: 🐾🐾🐾🐾🐾
- Tendenz zum Jagen und Hetzen: 🐾🐾🐾🐾🐾
- Menschenfreundlich: 🐾🐾🐾
- Familientauglich und gesellschaftsverträglich: 🐾🐾
- Erziehbarkeit: 🐾🐾
- Eignung für Senioren: 🐾

Arbeitsanlagen:

- Sportbegeistert: Windhundrennbahn und Jagdcoursing
- Begleiter

Rassegeschichte

Der Ursprung des Salukis lässt sich anhand von gefundenen jahrtausendealten Kult- und Kulturgegenständen auf den vorderen Orient (Persien, Mesopotamien, Syrien) aber auch Nordafrika zurückführen, er gilt als der älteste der orientalen Windhunde.
Der **Sloughi** und der **Azawakh** stammen aus dem nordafrikanischen Raum. Im Arabischen heißt Windhund ganz einfach »Sluqi«, was übersetzt »schnell wie der Wind« bedeutet. Sie sind neben ihrer Arbeit als Jagdhunde auch hochgeschätzte Wächter und nehmen bei den Beduinen einen ganz besonderen Platz ein. Bei ihrem Tod soll diesen Gefährten jeweils ein Bestattungsritual zukommen, wie es sonst nur für Menschen zelebriert wird.

Azawakh

Sloughi

FCI Gruppe 10

Italienisches Windspiel: Italien

Eigenschaften:

- Lauf- und Bewegungsbedürfnis:
- Tendenz zum Jagen und Hetzen:
- Menschenfreundlich:
- Geeignet für Mehrfachhaltung:
- Familientauglich und gesellschaftsverträglich:
- Erziehbarkeit:
- Eignung für Senioren:

Arbeitsanlagen:

- Begleiter

Besonderheiten:

- Nicht geeignet in Familien mit kleinen Kindern.

Italienisches Windspiel

Anlagen und Bedürfnisse

Kaum zu glauben, dass dieser zierliche und zerbrechlich wirkende Hund zu den ältesten Rassen gehört und in der Geschichte, der Literatur und der Malerei seine Spuren hinterlassen hat. Der »Il Piccolo Levriero Italiano«, wie sein richtiger Name lautet, ist äußerst anpassungsfähig und lebenslustig. Wer jedoch glaubt, diese dekorativen Wichte seien etwa ängstlich oder scheu, der täuscht sich gewaltig. Frech bellen sie zurück, wenn sie gestört oder genervt werden, auch große Hunde machen ihnen nicht sonderlich Eindruck. Sie spielen lebhaft, wild und ausgelassen, als ob diese Attribute verantwortlich für den Namen wären.

Windspiele sind außerdem genügsam und pflegeleicht, gelegentliches Bürsten des kurzen Glatthaares, das in allen Farben vorkommt, genügt. Sie sind angenehme ruhige Kumpels, die kuschelige Unterlagen zum Ausruhen lieben.

Widerristhöhe: max. 38 cm.

Rassegeschichte

Bereits in Ägypten, Griechenland und Rom kannte man diesen kleinen Windhund. Darstellungen auf Keramik bezeugen dies, auch sind bei ägyptischen Mumien Grabbeigaben gefunden worden, die deutlich die Form von Windspielen aufweisen. Diese Rasse »verkehrte« fast ausschließlich in vornehmer Gesellschaft, bei Adeligen und Königen. Nicht nur Friederich der Große, der eine berühmte Zuchtstätte betrieb, sondern auch Königin Victoria umgaben sich mit Windspielen. Bewundert wurde vor allem deren Steppschritt, der an edle Pferde erinnert. Gegen Ende des 19. Jahrhundert wurden die Windspiele immer kleiner gezüchtet, es traten die typischen Verzwergungsmerkmale auf. Die Population ging weltweit drastisch zurück, was der Rasse zum Vorteil gereichte, denn nur so konnte sie sich wieder erholen und festigen.

DANKE

Besonders bedanken möchte ich mich bei Rosmarie Wild. Sie war es, die mich ermuntert hat, meine Ideen mit einem neuartigen Rassebuch zu verwirklichen. Ohne Ihre Unterstützung und fachlichen Ratschläge wäre das Buch nicht entstanden. Herzlichen Dank für die angenehme Zusammenarbeit. Im Weiteren möchte ich mich bei Beate Schwarz bedanken. Sie hat ein unermüdliches Engagement an den Tag gelegt und mit Haltern und Züchtern den Kontakt gesucht, um die besten Hunde zu finden und zu fotografieren. Ein großer Dank geht an Yvonne Jaussi, die uns während der ganzen Arbeit mit Rat und Tat behilflich war und mit ihrer Kamera eingesprungen ist, um Unmögliches möglich zu machen. Dank auch meinen Freundinnen und Kolleginnen, Myrtha Lanker und Ursula Känel, die mir stets ihre Hilfe angeboten haben und mir mit guten Ratschlägen zu Seite gestanden sind. Vielen Dank allen Schweizer Rasseclubs der SKG, die mich mit ihrem spezifischen Fachwissen in den letzten Jahren unterstützt haben.

Literaturverzeichnis

Adlercreutz, Carl-Johan: Hunderassen aus aller Welt, Cham 2003

Beyersdorf, Dr. Peter: English Cocker Spaniel, Mürlenbach 2001

Cecilio José Barba Capote & Baldomero Moreno-Arroyo: El Perro de Agua Espanol, Editorial Jabalcuz, S.L. Spanien 1995

De Prisco, Andrew & B. Johnson, James: The Mini-Atlas of Dog Breeds,
T.F.H. Publications, Inc. 1990

Freeman, Lloyd: Field Dogs in Action, The National Geographic Magazine, January 1937

Grossman, Loyd: Der Hund. Der beste Freund des Menschen, Begleitbuch zur großen BBC/WRD Fernsehserie, Mürlenbach 1995

Krämer, Eva-Maria: Der neue Kosmos-Hundeführer. Mit allen 338 FCI-Hunderassen und 100 neuen Rassen, Stuttgart 2002

Räber, Hans: Enzyklopädie der Jagdhunde. Ursprung, Geschichte, Zuchtziele, Eignung und Verwendung (2 Bde), Stuttgart 2005

Räber, Hans: Enzyklopädie der Rassehunde. Ursprung. Geschichte. Zuchtziele. Eignung und Verwendung, Stuttgart

Rogers Clark, Anne & Brace, Andrew H.: Kynos großer Hundeführer; The International Encyclopedia of Dogs, Mürlenbach 1995

Rousselet-Blanc, Pierre: Larousse du chien et du chiot, Paris 2006

Strebel, Richard: Die deutschen Hunde und ihre Abstammung. Mit Hinzuziehung und Besprechung sämtlicher Hunderassen (2 Bde), Mürlenbach 2001

Schweizerische Kynologische Gesellschaft und die angeschlossenen Rasseclubs
www.hundeweb.org

Terrier-Chronik
100 Jahre Klub für Terrier E.V. 1894
Herausgegeben vom KFT E.V. 1994

Vosburgh, Frederick G.: Dogs of Duty and Devotion, The National Geographic Magazine, December 1941

Wild, Rosmarie & Jaussi, Yvonne: Flatcoated Retriever. Das große Rassehandbuch, Cham 2005

Wild, Rosemarie: Terrier/Hochläufer, Cham 1997

Wild, Rosemarie: Terrier/Niederläufer, Cham 1997

Wild, Rosemarie & Rohrer, Iren: Windhunde, Cham 1999

Wichtige Adressen

Verband für das Deutsche Hundewesen e.V. (VDH)
Westfalendamm 174
D-44141 Dortmund
Tel.: +49 (0)231 - 565000
Fax: +49 (0)231 - 592440
E-mail: Info@vdh.de
Internet: www.vdh.de

Österreichischer Kynologenverband (ÖKV)
Siegfried Marcus-Straße 7
A-2362 Biedermannsdorf
Tel.: +43 (0)2236 - 710667
E-mail: Office@oekv.at
Internet: www.oekv.at

Schweizerische Kynologische Gesellschaft (SKG)
Brunnmattstr. 24
Ch-3007 Bern
Tel.: +41 (0)31 - 3066262
Fax: +41 (0)31 - 3066260
E-mail: skg@hundeweb.org
Internet: www.hundeweb.org

Alphabetisches Verzeichnis der Rassen

Autorinnen

Crista Niehus gehört zu den bekanntesten Kynologinnen der Schweiz. Seit vielen Jahren ist sie als Redakteurin der Zeitschrift Hunde tätig, der Fach-Zeitschrift der Schweizerischen Kynologischen Gesellschaft. Ihr besonderes Interesse gilt den Jagdhunden: Sie ist selbst seit vielen Jahren aktive Jägerin und hat Zeit ihres Lebens Hunde um sich gehabt. Sie lebt mit ihrer Familie und ihren beiden Retrievern in einem Vorort von Zürich.

Beate Schwarz hat die vielen faszinierenden Fotos für dieses Buch gemacht. Ihr ist es gelungen, den individuellen Charme jeder einzelnen Rasse in ihren Bildern einzufangen. Sie lebt mit Mann und Retrieverrudel im südlichen Schwarzwald.

Ist Ihr Traumhund dabei?

Anita Schneider-Weissbaum
Der Berner Sennenhund
Für Hundefreunde, die alles über den Berner Sennenhund wissen möchten.
176 Seiten, 187 Bilder, davon 174 in Farbe
Bestell-Nr. 41596 **€ 29,90**

Rosemarie Wild/Yvonne Jaussi
Flatcoated Retriever
Sein unkompliziertes Wesen machen den Flatcoated Retriever zum idealen Familienhund.
176 Seiten, 155 Bilder, davon 141 in Farbe, 34 Zeichnungen
Bestell-Nr. 41527 **€ 29,90**

Rosemarie Wild
Labrador Retriever
Vom Welpenzauber über das Flegelalter und die goldenen Jahre bis in den Lebensabend.
176 Seiten, 176 Bilder, davon 132 in Farbe
Bestell-Nr. 41505 **€ 29,90**

Ursula Daugschieß-Thumm/Monika Schaal
Golden Retriever
Der Golden Retriever, ein Jagdhund, der zum Familienhund geworden ist.
176 Seiten, 168 Bilder, davon 161 in Farbe
Bestell-Nr. 41540 **€ 29,90**

Susanne Kerl
Hovawart
Wie Sie diese intelligente Rasse durch alle Lebensphasen begleiten, ihre körperliche Entwicklung und Gesundheit optimal fördern, zeigt dieses Buch.
176 Seiten, 136 Bilder, davon 134 in Farbe, 1 Zeichnung
Bestell-Nr. 41470 **€ 29,90**

Heiko Christian Grube
Deutscher Schäferhund
Sein Temperament, seine Bewegungsfreude sowie seine psychische Belastbarkeit machen den Deutschen Schäferhund zum idealen Sport-, Dienst- und Familienhund. Dieses Porträt begleitet ihn durch alle Lebensphasen.
142 Seiten, 107 Bilder, davon 104 in Farbe
Bestell-Nr. 41497 **€ 29,90**

Rosemarie Wild/Yvonne Jaussi/Beate Schwarz
Traumhund Retriever
Dieser Text-Bild-Band liefert umfassende Informationen zu allen Retrieverrassen: Golden, Labrador, Flatcoated, Chesapeake, Curly und Toller. Jede der Rassen wird mit ihren spezifischen Merkmalen und Fähigkeiten vorgestellt.
144 Seiten, 200 Bilder, davon 196 in Farbe
Bestell-Nr. 41561 **€ 24,90**

IHR VERLAG FÜR HUNDE-BÜCHER

Postfach 10 37 43 · 70032 Stuttgart
Tel. (07 11) 2108065 · Fax (07 11) 2108070
www.paul-pietsch-verlage.de

Müller Rüschlikon

Stand Oktober 2007
Änderungen in Preis und Lieferfähigkeit vorbehalten